全过程工程咨询实施手册

国机中兴工程咨询有限公司　组织编写

中国建筑工业出版社

图书在版编目（CIP）数据

全过程工程咨询实施手册 / 国机中兴工程咨询有限公司组织编写. -- 北京 : 中国建筑工业出版社, 2024. 11. -- ISBN 978-7-112-30484-4

Ⅰ. F407.9-62

中国国家版本馆CIP数据核字第20249H3P37号

责任编辑：边　琨
责任校对：张　颖

全过程工程咨询实施手册

国机中兴工程咨询有限公司　组织编写

*

中国建筑工业出版社出版、发行（北京海淀三里河路 9 号）

各地新华书店、建筑书店经销

北京点击世代文化传媒有限公司制版

北京君升印刷有限公司印刷

*

开本：787 毫米 ×1092 毫米　1/16　印张：13　字数：257 千字

2024 年 12 月第一版　2024 年 12 月第一次印刷

定价：**58.00** 元

ISBN 978-7-112-30484-4

（43851）

版权所有　翻印必究

如有内容及印装质量问题，请与本社读者服务中心联系

电话：（010）58337283　QQ：2885381756

（地址：北京海淀三里河路 9 号中国建筑工业出版社 604 室　邮政编码：100037）

本书编委会

主　　编　李振文

副 主 编　马　孟　李洪涛

编　　委　杨　龙　田张军　吕高峰　张　华
刘天煜　宋　萌　陈武刚　高继威
杨　斐　朱蒙恩　宋　南　李清富
王　放　包晓涛　魏光辉

主编单位　国机中兴工程咨询有限公司

参编单位　郑州发展投资集团有限公司

前言

PREFACE

2017 年 2 月印发的《国务院办公厅关于促进建筑业持续健康发展的意见》（国办发〔2017〕19 号）提出，“培育全过程工程咨询。鼓励投资咨询、勘察、设计、监理、招标代理、造价等企业采取联合经营、并购重组等方式发展全过程工程咨询，培育一批具有国际水平的全过程工程咨询企业。”2017 年 5 月，住房和城乡建设部部署全过程工程咨询试点，鼓励有条件的地方和企业采用全过程工程咨询组织项目建设。

经过近几年的快速发展，全过程工程咨询市场需求逐步增多，单项工程咨询合同额屡创新高。然而，各地工程咨询企业在开展咨询服务的过程中，由于缺乏科学、完善的指导，不论管理模式还是服务内容都不够标准化、专业化和具体化。

本书将建设项目的全过程划分为投资决策阶段、勘察设计阶段、建设工程准备阶段、建设工程实施阶段、竣工阶段、生产准备阶段、运营维护阶段，注重为完成建设目标而进行前期策划，把各阶段的咨询工作整体衔接且有机紧密结合，使设计管理优化、投资控制、BIM 咨询贯穿于整个过程，内容更具体化和实操化。

本书由国机中兴工程咨询有限公司主持编写，李振文担任主编，马孟、李洪涛担任副主编，杨龙、田张军、吕高峰、张华、刘天煜、宋萌、陈武刚、高继威、杨斐、朱蒙恩、宋南、李清富、王放、包晓涛、魏光辉担任编委。

由于编者水平有限，书中不足之处，请各位读者多提宝贵意见！

目录

CONTENTS

第1章 全过程工程咨询概述

1.1 全过程工程咨询的产生背景

2017年2月，发布《国务院办公厅关于促进建筑业持续健康发展的意见》，提出鼓励从事咨询、勘察、设计、监理、招标代理、造价等的专业企业开展全过程工程咨询服务，具体可通过联合经营或并购重组等方式，初期由政府投资工程带头开展。

1.2 全过程工程咨询的定义

全过程工程咨询，是指对建设项目全生命周期提供全过程工程项目管理以及投资咨询、项目策划、可行性研究、工程勘察设计、工程监理、造价咨询、招标代理、运行维护咨询、BIM咨询等全部或部分专业咨询服务。

1.3 全过程工程咨询的范围及内容

1.3.1 全过程工程咨询的范围

全过程工程咨询的范围包括投资决策、勘察设计、建设工程准备、建设工程实施、竣工验收、生产准备、运营维护等各阶段的咨询服务。

1.3.2 全过程工程咨询的内容

（1）投资决策阶段:咨询内容包括投资决策咨询管理规划、项目策划、项目建议书、项目可行性研究报告、项目申请报告、投资决策阶段专项咨询管理等。

（2）勘察设计阶段:咨询内容包括编制勘察、设计咨询工作方案、编制勘察任务书、审查勘察报告、收集项目原始资料、编制设计任务书、设计过程监督管理服务、审查工程各阶段设计成果、设计阶段造价管理等。

（3）建设工程准备阶段：咨询内容包括建设工程项目报批报建、合同规划、招标策划、招标文件审查、合同审核、开工准备咨询服务等。

（4）建设工程实施阶段：咨询内容包括工程质量及进度管理、安全生产评估、BIM管理、施工阶段造价管理、施工阶段设计咨询等。

（5）竣工验收阶段：咨询内容包括竣工策划、专项验收、预验收、竣工验收、项目保修管理、竣工备案、竣工移交、竣工结算审核、竣工 BIM 管理等。

（6）生产准备阶段：咨询内容包括生产设备或办公家具安装方案审查、生产、物业人员培训方案审查。

（7）运营维护阶段：咨询内容包括项目后评价、项目绩效评价、设施管理、资产管理等。

1.4 全过程工程咨询的优势

1. 节约投资成本

全过程工程咨询贯穿于项目全过程及建设工程各个阶段，使工程的信息数据更加完整和连贯，对整个工程的实施起到指导和控制的作用。通过全过程工程咨询，各个阶段的费用支出可以环环相扣、账目相符，大大节约项目的投资成本。

2. 加快施工进度

全过程工程咨询服务模式下，各工程咨询服务单位外部协调为内部管理，缩短沟通时限和提升管理效率，缩短和避免扯皮等无效时间，更能有效优化项目组合和简化合同关系。

3. 有效降低风险

全过程工程咨询成为工程项目的主要参与方，能够统一强化质量控制、安全控制等措施，有效降低或者避免重大工程质量、安全事故的发生。同时也可以有效减少由于各种管理关系而伴生的权责不清风险，有效降低或避免造价“三超”等现象。

4. 实现建管模式更合理

全过程工程咨询的实施，能够在系统整合投资决策、工程建设和运营维护各阶段原有条块分割的各专项咨询服务基础上，通过优化和创新建设管理组织模式，加强信息交流和融合沟通，实现资源的协同、优化和统筹，有效解决前期设计方案考虑不全面、审查审批耗时费力等问题，减少委托方的协调工作量，实现项目高效率、高质量的建设实施。

第2章 全过程工程咨询策划

2.1 全过程工程咨询项目机构及岗位职责

2.1.1 全过程工程咨询项目机构设置

1. 总咨询师及专业咨询工程师

总咨询师是由公司法定代表人书面任命的（总咨询师任命书见附录2-1 总咨询师任命书），具有与全过程工程咨询业务相适应的业绩和能力，负责履行全过程工程咨询合同的工程咨询机构负责人。全过程工程咨询项目实行总咨询师负责制。总咨询师任职资格要求：应取得工程建设类注册执业资格且具有工程类或工程经济类高级职称，并具有类似工程管理经验。

专业咨询工程师是指具备相应资格和能力，在总咨询师管理协调下开展全过程工程咨询服务的相关专业咨询的专业人士。专业咨询工程师任职资格要求：应取得工程建设类注册执业资格且具有工程类或工程经济类中级及以上职称，并具有类似工程管理经验。

2. 全过程工程咨询项目机构的组建

（1）全过程工程咨询项目机构由总咨询师负责策划并组建，其部门设置应根据工程项目实际情况及咨询服务工作内容确定。

（2）全过程工程咨询项目机构的组织形式宜采用职能型组织模式或矩阵型组织模式。

（3）总咨询师应根据全过程工程咨询项目的实际需要，制定人员进场计划（见附录2-2 全过程工程咨询服务人员配备计划），确定常驻现场咨询人员和不常驻现场咨询人员。

2.1.2 岗位职责

1. 总咨询师职责

（1）全面负责全过程工程咨询项目机构的管理，代表公司履行全过程工程咨询服务合同。

（2）确定全过程工程咨询项目机构的组织架构、资源配置、人员调配，制定相关决策机制、管理制度、工作流程等，并组织实施。

（3）确定各咨询部门负责人及专业咨询工程师，明确各岗位的分工及职责。

（4）组织编制全过程工程咨询服务规划（见附录 2-3　全过程工程咨询规划），审批各专业咨询管理实施方案。

（5）检查、考核咨询人员的工作。

（6）统筹协调和管理全过程工程咨询项目各专项咨询服务工作，检查和监督工作计划的执行情况。

（7）组织召开全过程工程咨询项目管理会议。

（8）审核签署全过程工程咨询成果文件。

（9）协调处理全过程工程咨询项目重要事项。

（10）组织编写全过程工程咨询月报、工作总结，组织整理全过程工程咨询文件资料。

2. 投资决策咨询部职责

（1）在总咨询师的领导下，全面负责全过程工程咨询项目的投资决策阶段的咨询管理工作。

（2）依据合同约定，确定投资决策阶段咨询工作的服务范围，进行投资决策阶段工作分解，编制投资决策阶段工作清单，明确岗位配置及专业技术需求。

（3）参与编制全过程工程咨询服务规划，组织编制投资决策阶段咨询工作方案，报总咨询师批准后组织实施。

（4）编制投资策划、项目策划、可行性研究、决策阶段专项报批等各项咨询工作计划、相关标准及咨询任务分配，组织实施咨询服务工作。

（5）根据咨询内容及有关规定，协助委托人选择专业咨询单位并签订专项咨询合同。

（6）协助委托人做好投资决策阶段专项咨询服务专业对接，督促专业咨询方全面履行咨询合同。对相关单位提交的咨询成果文件进行审核，组织编写成果文件审核报告，督促完善直至满足专项咨询成果需求。

（7）根据咨询工作需要，发起专项咨询会议，形成会议纪要或决议，及时组织下发实施。

（8）定期向总咨询师报告本专业咨询工作进展计划完成情况，参与阶段性咨询报告的汇总整理。

（9）组织全过程工程咨询项目投资决策咨询管理相关资料的整理、归档。

（10）完成总咨询师交办的其他工作。

3. 招标采购部职责

（1）在总咨询师的领导下，负责全过程工程咨询项目的招标采购咨询工作。

（2）参与编写全过程工程咨询服务规划，编写招标采购咨询实施方案。

（3）协助建设单位进行招标采购策划，负责项目招标采购方案的编制，协助建设单位办理招标采购方案审批、核准、备案手续。

（4）组织编写或审查资格预审文件（如进行资格预审的）、招标采购文件、答疑澄清文件，按规定进行报批。

（5）组织或协助建设单位开标、评标，协助建设单位进行履约能力审查（如有）、定标，组织或督促编写提交招标采购工作书面报告。

（6）协助建设单位进行合同谈判、签订、备案。

（7）招标采购相关资料的收集整理。

（8）完成总咨询师交办的其他工作。

4. 勘察、设计咨询部职责

（1）在总咨询师的统一领导下，负责全过程工程咨询项目勘察、设计部分的咨询管理工作，编写全过程工程咨询服务规划的勘察、设计部分，及勘察、设计咨询管理实施方案。

（2）组织编写勘察任务书，审查勘察报告。

（3）协助建设方确定前期设计策划，编制各阶段设计任务书，明确设计内容，根据项目建设周期确定各阶段设计进度。

（4）督促、检查设计单位完成方案设计工作，审查设计方案并提出优化意见。

（5）督促、检查设计单位完成初步设计工作，组织评审初步设计文件，提出评审意见，督促设计单位按照评审意见完善初步设计。

（6）组织施工图审查工作，提出图纸审核及优化意见，督促设计单位为施工现场提供及时高效的技术服务。

（7）参加设计交底和图纸会审，协助建设方进行施工现场的技术协调和专项论证。

（8）协助建设单位进行工程材料设备选型并提供技术服务。

（9）审核、处理设计变更及工程洽商等技术问题。

（10）参加阶段验收及项目竣工验收。

（11）参与编写全过程工程咨询项目月报及工作总结。

5. 工程管理部职责

（1）在总咨询师的领导下，全面负责全过程工程咨询项目施工阶段的项目管理工作。

（2）参与编写全过程工程咨询服务规划，编写工程实施管理方案（见附录 2-4　全过程工程咨询 ________（专业）实施方案）。

（3）协助建设单位进行绿化及各类管线的迁改，临时用水、用电的报装审批。

（4）负责场内三通一平验收及场地移交。

（5）对各参建单位施工活动进行管理（质量、进度、安全、协调），审核并签署相关文件。

（6）编制工程项目管理文件，收集整理项目管理相关资料。

（7）协助建设单位组织专项验收和竣工验收，负责验收活动过程中与政府职能部门的联络及各类往来书面资料。

（8）负责工程验收备案、实体移交及验收资料移交等工作。

（9）负责保修阶段的服务工作及产生的相关资料的收集整理。

（10）完成与本咨询机构其他部门的配合工作。

6. 造价咨询部职责

（1）在总咨询师的领导下，全面负责全过程工程咨询项目的造价咨询管理工作。

（2）执行公司各项管理和规章制度，建立健全全过程工程咨询项目造价咨询部各项规章制度。

（3）收集国家及行业最新的有关工程造价的政策、文件和标准，掌握工程造价及合同变化情况信息，实施工程造价动态管理。

（4）统筹协调和管理全过程工程咨询项目造价咨询管理工作，组织编写造价咨询管理实施方案。

（5）组织编写全过程工程咨询项目概算投资目标分解。

（6）负责全过程工程咨询项目造价文件（概算、预算）的审核，对工程实施过程中的投资控制状况进行评审。

（7）审核全过程工程咨询项目设计变更、工程洽商、现场签证费用，审核进度款支付。

（8）组织编写全过程工程咨询项目造价咨询管理专题报告，参与编写全过程工程咨询工作总结。

（9）组织全过程工程咨询项目造价咨询管理相关资料的整理、归档。

（10）完成总咨询师交办的其他工作。

7. BIM 咨询部职责

（1）在总咨询师的统一领导下，负责全过程工程咨询项目 BIM 技术应用的咨询管理工作。

（2）建立健全全过程工程咨询项目 BIM 咨询部的规章制度，明确岗位分工。

（3）参与编制全过程工程咨询服务规划，组织编写 BIM 咨询管理实施方案，报总咨询师批准后组织实施。

（4）负责全过程工程咨询项目的 BIM 应用策划，向 BIM 应用相关方（设计单位、BIM 专项技术咨询单位、承包单位）下达 BIM 应用相关要求。

（5）对相关单位提交的 BIM 成果文件进行审核,组织编写 BIM 成果文件审核报告，并对其科学性、有效性、规范性负责。

（6）处理 BIM 应用中存在的问题，重大问题及时向总咨询师汇报。

（7）根据需要，组织召开全过程工程咨询项目 BIM 专题会议，安排人员参加全过程工程咨询项目相关会议。

（8）编写 BIM 咨询管理专题报告，参与编写全过程工程咨询月报、工作总结。

（9）负责全过程工程咨询项目 BIM 咨询管理相关资料的整理、归档。

（10）完成总咨询师安排的其他工作。

8. 专业咨询工程师

（1）参与编制全过程工程咨询服务规划，负责编制专业管理或咨询实施方案、实施细则。

（2）按照工作计划、任务分配和现行法律法规、标准规范、质量要求等，完成所负责的专业管理或咨询服务工作，为专业咨询成果负责，并及时向专业负责人或总咨询师汇报工作。

（3）完成总咨询师安排的其他咨询服务工作。

2.2　全过程工程咨询项目总体策划

全过程工程咨询项目总体策划的内容应根据咨询项目的特点等情况确定，主要包括建设功能策划、项目投资目标分解策划、项目总体建设管理模式策划、项目进度总控制计划等。

2.2.1　建设功能策划

全过程工程咨询项目机构应根据委托人和项目需要，结合建设项目的使用功能、建设规模、建设标准、设计寿命、项目性质等要素，进行多方案策划，并运用价值工程、全寿命周期成本等方法进行分析，提出优选方案及改进建议，同时兼顾项目近期与远期的功能要求和建设规模，实现项目可持续发展。

2.2.2 项目投资目标分解策划

项目建设功能确定后，全过程工程咨询项目机构应对项目投资目标分解并编制项目投资分解控制汇总表，报建设单位批准实施。

2.2.3 项目总体建设管理模式策划

项目总体建设管理模式策划应在充分调研分析和征求建设单位的意见的基础上进行。

项目总体建设、管理模式策划应遵循下列流程：

（1）明确咨询项目的规模、范围、内容及项目目标。

（2）对项目进行结构分解（WBS），依照项目、单体项目、分解到项目任务，明确项目建设、管理决策内容。

（3）综合分析内部及外部各种因素，选择工程项目建设模式（平行发包模式、工程总承包模式、施工总承包模式等）。

内部及外部各种因素包括：

①项目的复杂性和对项目的进度、质量、投资等方面的要求。

②投资、融资有关各方对项目的特殊要求。

③法律、法规、部门规章以及项目所在地政府的要求。

④项目管理者和参与者对该项目建设管理模式的认知和熟悉程度。

⑤项目的风险分担，即项目各方承担风险的能力和管理风险的水平。

⑥项目实施所在地建设市场的适应性，在市场上能否找到合格的实施单位。

⑦明确项目咨询管理模式（全过程工程咨询服务模式明确后，其咨询管理模式基本确定，如需其他相关咨询方参与，要进一步明确）。

⑧根据选择的工程项目建设模式和咨询管理模式，确定工程项目的总体组织框架和项目各参与方的职责、义务、风险责任，明确各参与方的角色和合同关系，明确组织工作流程等。

2.2.4 项目建设进度总控制计划

项目总体建设管理组织模式确定后，全过程工程咨询项目机构应编制项目建设进度总控制计划，分析研究投资决策、勘察设计、建设工程准备、建设工程实施、竣工验收、生产准备、运营维护等阶段相互关联、相互影响项目进展的主要因素，并列入进度总控制计划。

项目进度总控制计划文件的编审（见附录 2-5　项目进度总控制计划报审表）：

（1）总咨询师组织各部门及专业咨询工程师进行编制。

（2）总咨询师签字后报建设单位批准后实施。

（3）编制说明主要包括编制依据、资源要求、外部约束条件、风险分析及控制措施。

（4）项目进度总控制计划图（见附录 2-6　项目进度总控制计划）可采用单代号网络图、双代号网络图、时标网络计划或横道图。

当项目建设过程中出现重大变化或进度计划严重滞后时，由全过程工程咨询项目机构进行合同履约评价，提出调整建议，报建设单位批准后实施。

2.3　全过程工程咨询规划

全过程工程咨询规划是实施全过程工程咨询服务的纲领性文件，是指导全过程工程咨询服务和编制各专业管理咨询方案的基础。

全过程工程咨询规划应在签订全过程工程咨询合同后，根据建设单位认可的项目建设进度总控制计划，由总咨询师组织编写，并在召开第一次全过程工程咨询项目工地例会前报送建设单位。

全过程工程咨询规划的编审应遵循下列程序：

（1）总咨询师组织专业咨询工程师编制。

（2）总咨询师签字后，经公司技术负责人批准并加盖单位公章。

全过程工程咨询规划应根据全过程工程咨询合同委托的咨询范围和内容编写，其主要内容包括：

（1）项目概况。

（2）咨询的范围和内容。

（3）管理目标。

（4）管理依据。

（5）项目组织机构形式。

（6）全过程工程咨询人员配备计划。

（7）全过程工程咨询项目组织机构的人员岗位责任。

（8）全过程工程咨询项目各阶段（专业）咨询方案编制计划。

（9）全过程工程咨询工作程序。

（10）全过程工程咨询工作制度。

（11）全过程工程咨询配备的设施。

2.4 各阶段（专业）咨询实施方案

全过程工程咨询项目各阶段工作实施前，需编制各阶段（专业）咨询实施方案，编审应遵循下列程序：

（1）由全过程工程咨询项目机构下属各部门负责人组织本阶段（专业）咨询师进行编制。

（2）由总咨询师签字批准后实施。

各阶段（专业）咨询实施方案主要包括下列内容：

①工作范围。

②工作内容。

③工作目标。

④编制依据。

⑤工作流程。

⑥专业实施方案。

⑦重点、难点分析。

⑧服务措施。

附录 2-1　总咨询师任命书

总咨询师任命书

工程名称：

致：______________________________（建设单位） 　　兹任命我公司 _________ 为我单位 ____________________________ 全过程工程咨询总咨询师，代表公司履行全过程工程咨询合同，全面负责本项目全过程工程咨询服务的实施。 全过程工程咨询单位（盖章） 法定代表人（签字）_______________ 年　　月　　日

附录 2–2　全过程工程咨询服务人员配备计划

<u>××××××××</u>项目全过程工程咨询服务人员配备计划

工程名称：

序号	姓名	性别	年龄	专业	职称	执业资格	项目岗位	是否常驻现场	驻场时段	备注
1										
2										
3										
4										
5										
6										
7										
8										
9										
10										
11										
12										
13										
14										
15										
16										
17										
18										
19										

附录 2–3　全过程工程咨询规划

全过程工程咨询规划

项目名称：____________________

合 同 号：____________________

批准：总工程师 ________________

编制：总咨询师 ________________

年　　月　　日　编制

目 录

附录 2-4　全过程工程咨询 ________（专业）实施方案

全过程工程咨询 ________（专业）实施方案

________________ 项目

编制：专业咨询工程师 ____________

审核：总咨询师 __________________

年　　月　　日

目 录

注：本方案目录内容仅供参考，可根据各阶段（专业）的需要进行调整。

附录 2–5　项目进度总控制计划报审表

项目进度总控制计划报审表

<table>
<tr><td>项目名称</td><td colspan="2"></td></tr>
<tr><td>编制说明</td><td colspan="2">编制人：
年　月　日</td></tr>
<tr><td>审核部门或人员</td><td>审核记录</td><td>审核人签字</td></tr>
<tr><td rowspan="2">勘察设计负责人</td><td>资源能否满足要求　□能　□否</td><td></td></tr>
<tr><td>进度能否满足要求　□能　□否</td><td></td></tr>
<tr><td rowspan="2">报批报建负责人</td><td>资源能否满足要求　□能　□否</td><td></td></tr>
<tr><td>进度能否满足要求　□能　□否</td><td></td></tr>
<tr><td rowspan="2">招标采购负责人</td><td>资源能否满足要求　□能　□否</td><td></td></tr>
<tr><td>进度能否满足要求　□能　□否</td><td></td></tr>
<tr><td rowspan="2">项目管理负责人</td><td>资源能否满足要求　□能　□否</td><td></td></tr>
<tr><td>进度能否满足要求　□能　□否</td><td></td></tr>
<tr><td rowspan="2">总监理工程师</td><td>资源能否满足要求　□能　□否</td><td></td></tr>
<tr><td>进度能否满足要求　□能　□否</td><td></td></tr>
<tr><td rowspan="2">造价咨询负责人</td><td>资源能否满足要求　□能　□否</td><td></td></tr>
<tr><td>进度能否满足要求　□能　□否</td><td></td></tr>
<tr><td></td><td></td><td></td></tr>
<tr><td colspan="3">总咨询师意见：
全过程工程咨询项目机构（章）
总咨询师：
年　月　日</td></tr>
<tr><td colspan="3">建设单位意见：
建设单位（章）
负 责 人：
年　月　日</td></tr>
</table>

附录 2-6　项目进度总控制计划

项目进度总控制计划

工程名称：　　　　　　　　　　　　　　　　　　　　　　　　　　填表时间：　年　月　日

序号	任务（阶段）	里程碑事件	工期	开始时间	完成时间	年				年				年			
						3	6	9	12	3	6	9	12	3	6	9	12
1																	
2																	
3																	
4																	
5																	
6																	
7																	
8																	
9																	
10																	
11																	
12																	
13																	

编制单位：　　　　　　　　　　　　　　　　　　　　　　　　　　编辑人：

说明：

第3章 投资决策阶段咨询服务

3.1 投资决策咨询管理策划

3.1.1 投资决策咨询管理服务过程

投资决策阶段咨询管理实现一般包括以下过程：咨询服务策划、基础调查、咨询准备管理、咨询过程管理、咨询成果评审、咨询成果报批、后续服务等。

3.1.2 投资决策咨询管理策划

1. 投资决策咨询管理策划一般规定

咨询管理策划是对投资决策阶段咨询工作的总体部署，应根据全过程工程咨询委托合同约定、委托人需求以及项目的规模和特点，结合项目实际，制定《投资决策咨询管理方案》，并使之具有科学性、可行性及可操作性。

2.《投资决策咨询管理方案》主要内容

（1）项目及委托人基本概况。

（2）投资决策阶段工作范围、内容及依据。

（3）投资决策阶段咨询管理目标体系。

（4）工作原则及工作流程。

（5）工作分解结构（WBS）与工作部署。

（6）咨询团队分工及资源组织。

（7）管理实施措施（质量、进度、经济、合规等）要求。

（8）检验与改进措施。

3.《投资决策咨询管理方案》编审流程

项目投资决策管理策划工作应在全过程工程咨询合同签订后、项目正式启动前开展，由投资决策阶段咨询负责人组织编制《投资决策咨询管理方案》，经总咨询师审核，并征求建设单位意见同意后，由总咨询师批准后实施。

3.1.3 项目投资决策咨询管理任务及进度策划

投资决策阶段咨询负责人应根据合同约定工作范围、项目情况、建设方需求、外部因素等条件，充分考虑咨询工作的需要，各专业咨询的特点、次序和难度，合理安排咨询服务内容、目标及项目咨询工作进度，应同时征求各专业咨询工程师意见，进行会签确认，随方案报总咨询师批准后实施。

3.1.4 各专业间协作管理策划

各专业间协作主要包括各专业基础资料汇总、互提资料、各专业间中间成果交互评审、最终成果的综合审查等。投资决策阶段咨询负责人应在《投资决策阶段咨询管理方案》中对协作内容和要求予以明确。在咨询服务过程中，由总咨询师根据需要组织专业协作会议，协调解决专业冲突和矛盾，会议应按规定形成会议纪要，参会人员会签后下发实施。

3.1.5 与外部组织间协作管理策划

外部组织包括建设单位（或委托方）、专业咨询单位、有关行政主管部门及其他相关方等。协作主要有两类：一是对建设单位（或委托方）提供的前期咨询成果、审批手续的收集验证；二是与建设单位（或委托方）、专项咨询单位、有关行政主管部门及其他相关单位等外部组织在咨询过程中的工作联系。

投资决策阶段咨询负责人应将与外部组织之间的协作范围、内容、标准及时限要求编入《投资决策阶段咨询管理方案》，经总咨询师批准后实施。

3.1.6 《投资决策阶段咨询管理方案》变更

《投资决策阶段咨询管理方案》变更内容主要有：服务内容的增减、工作进度变更、工作深度或成果变更、咨询人员变更等。变更由专业咨询工程师提出，总咨询师审核，并与建设单位协商确定后实施。

3.1.7 投资决策阶段管理方案编制流程图

投资决策阶段管理方案编制流程如图 3-1 所示。

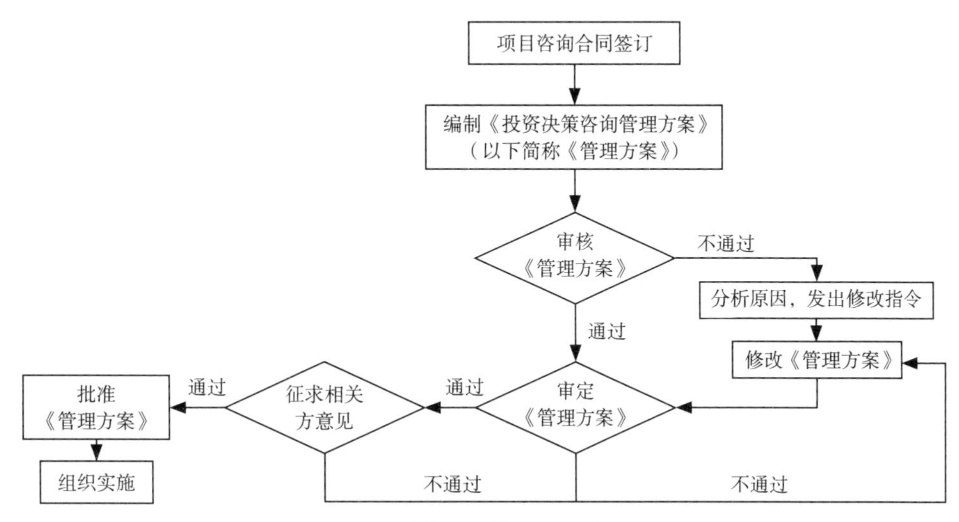

图 3-1　投资决策阶段管理方案编制流程图

3.2　项目策划

3.2.1　项目策划一般要求

项目策划是建设单位完成投资机会研究，在具有明确的投资意向的基础上，对拟建项目建设目标进行法律法规、行业发展、产业政策、上位规划、区域条件、市场预测、同类项目案例的系统分析，结合项目行业、区域、文化、资源、生态等具体特点，对项目产业选择、功能定位、基本构成和建设规模进行初步策划，进行项目建设实施、运营初步策划，形成投资匡算和经济效益分析，协助建设单位明确项目建设目的，确立整体建设目标体系，为项目决策提供依据。

项目策划是项目决策核心内容的形成过程，是后续投资决策工作的论证核心，是可行性研究和设计的前提，应达到相应深度并形成具体成果。

项目策划一般包括基础资料收集、区域（行业、市场）分析、案例分析、需求分析、项目定位、设计策划、建设实施规划、运营策划、投资匡算、经济分析等内容。

3.2.2　基础资料收集

1. 基础资料管理程序

在工作开始前，专业咨询工程师应根据专业类别将本专业重要原始资料编入《原始资料清单》，并负责本专业资料收集，专业咨询负责人对收集过程进行管控。经专业咨询负责人审核后，原始资料可用于全过程工程咨询服务和外部专项咨询单位工作开展。

2. 基础资料收集内容

基础资料主要包括背景资料、需求调查、相关方调查、技术资料四类。

（1）背景资料主要包括：

①建设方基本情况。

②拟投资项目基本构想。

③政府机关批文。

④相关法律法规、政策文件。

⑤同类项目案例。

⑥区域国民经济发展现状及规划。

⑦上位规划及区位分析。

⑧投资机会研究成果及市场（行业）调查报告。

（2）需求调查资料主要包括：

①功能需求（产品方案及产能）。

②经济效益目标。

③投资目标。

④建设周期。

⑤资源（土地、供水、能源）需求。

⑥形体、色彩、风格、档次。

（3）相关方调查资料主要包括：

①相关行政及行业管理部门有关规定。

②相关专项服务、实施供应商。

③项目利益相关方。

（4）技术资料主要包括：

①与项目投资建设单位现状有关的统计数据资料（如财务报表等）。

②涉及项目内容的总平面布置、已有建（构）筑物及公用设施现状的图纸资料。

③项目的用地条件（如建设场地红线图、地形测量图等）和拟建设场地或邻近场地工程地质勘察资料。

④已确定采用设备的技术数据和安装资料，项目单位与其外部能源动力、给水排污、交通运输、通信等单位签署或提供的供应条件接口等资料。

⑤建设项目当地气象、水文、地质、地震等资料。

⑥当地建设施工条件、材料供应条件、价格水平、习惯做法等。

3.2.3 项目定位策划

全过程工程咨询方根据市场调研分析或项目内部、外部背景和条件，协助委托人对项目各要素进行定性与定量分析，客观、科学、精确地对拟投资项目进行定位策划，

项目定位应遵循定向科学、定位明确、定义准确、指标量化、利于运营、可持续的原则。

经营性项目定位应围绕市场定位和目标客户群定位，市场调研分析至少应包含竞争态势、未来市场取位、优势和风险等主要结论。

非经营性项目应围绕项目建设目的和功能需要进行项目定位。

3.2.4　项目概念方案策划

项目概念方案策划是项目策划的核心内容，是形成建设方案的主要过程，所形成的策划成果是后续可行性研究的基本对象。

1. 概念方案策划的依据

项目概念方案策划依据主要包括委托人建设意图（周期、成本、收益、效率等）、市场状况、产业政策、投资条件、区域规划、资源条件、内部需求、客观环境、气候、地形地貌、水文地质、交通等，应根据项目投资类型、行业特点综合考虑。

2. 项目概念方案策划主要内容

（1）项目背景及概况。

（2）项目功能（产能）要求及一般说明。

（3）项目的基本功能分区组成、建设规模及配套设施要求。

（4）拟选建设基地内部策划，包括场地位置、适建性需求、面积需求及技术经济指标规划等。

（5）拟建项目外部条件策划，包括对外交通、能源、资源、安全、环保等策划。

（6）拟建项目设计理念策划，包括确定建筑形式与风格、建筑意象、空间形体、识别性、色彩与质感等设计要素，以及历史文化保护、生态环境保护要求。

（7）拟建项目特殊工艺、设备等方面的要求。

（8）设计周期、深度及成果形式要求。

3. 概念方案的优化比选

工程咨询机构应根据委托人和项目需要，结合建设项目的使用功能、建设规模、建设标准、设计寿命、项目性质等要素，进行多方案策划，并运用价值工程、全寿命周期成本等方法进行分析，提出优选方案及改进建议，同时兼顾项目近期与远期的功能要求和建设规模，实现项目可持续发展。

3.2.5　项目策划报告编制与审核

1. 项目策划报告主要内容

项目策划报告主要内容应包括：

（1）项目概况及主要策划成果简述。

（2）策划工作依据及流程。

（3）需求分析及建设目的概述。

（4）项目相关行业（市场）背景调查与分析（宏观、区域、微观）。

（5）项目定位（项目定义）。

（6）概念方案策划。

（7）建设方案规划。

（8）营运策划。

（9）经济性评价及研究结论。

2. 成果评审管理

项目策划报告咨询成果评审应经过编制机构自我评审、全过程工程咨询项目机构评审、委托方评审三个步骤，包含专业评审、专业间相互评审、会议综合审定三个环节。总咨询师会同委托方相关人员，按照评审流程和要求，组织相关专家审定会议，经参会各方同意并会签后，报送建设单位决策机构批准后实施。

3.2.6 项目策划咨询服务流程图

项目策划咨询服务流程如图 3-2 所示。

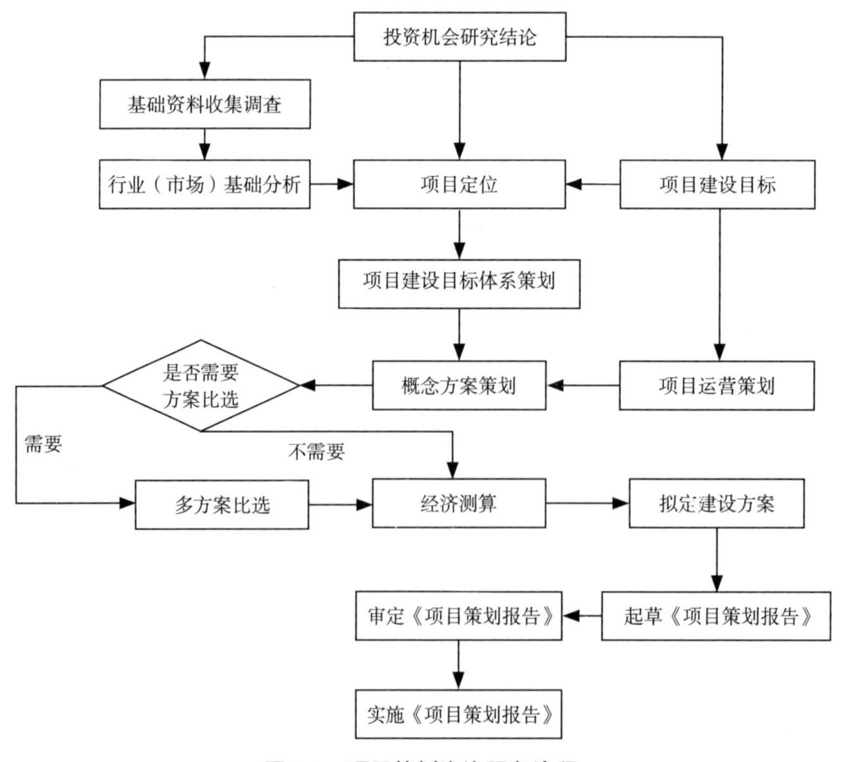

图 3-2 项目策划咨询服务流程

3.3　投资估算管理

3.3.1　投资估算管理的主要内容

审核投资估算文件，为项目建设单位进行方案比选、优化设计等提供咨询建议，配合进行项目投资估算评审，提高项目决策阶段投资估算成果文件的质量。

3.3.2　投资估算管理过程

1. 资料收集

介入项目后，全过程工程咨询项目机构应积极向建设单位等有关部门收集项目相关资料。在项目建议书阶段主要从以下方面进行资料收集：

（1）项目申请文件、会议纪要等。

（2）项目控规、土地规划等规划资料。

（3）项目基本情况，项目类型、规模、选址、市政配套等。

（4）项目规划、技术方案、水文地质资料。

（5）建设单位的基本情况、资金来源情况等，及建设单位对项目的质量、工期、管理方式等特殊要求。

（6）项目所在地的相关政策文件。

（7）已有项目建议书、投资估算等。

2. 投资估算的审核

投资估算审核的主要内容如下：

（1）审核投资估算是否符合国家法律法规及有关强制性条文规定，是否符合《建设项目投资估算编审规程》CECA/GC 1—2015 等文件规定。

（2）审核投资估算文件是否由有资质的单位及人员编制，格式是否符合要求，签章是否齐全。

（3）投资估算成果文件组成完整性的审核，包括编制说明、投资估算分析、总投资估算表、单项工程估算表、主要技术经济指标等内容。

①投资估算编制说明的内容：编制范围、编制方法、编制依据、主要技术经济指标、有关参数率值的选定、特殊问题的说明、投资限额和投资分解说明（适用于限额设计工程）、方案比选的估算和经济指标说明、资金筹措方式等。

②投资估算分析：土建安装等各主体工程、各室外配套工程占工程总投资比例分析，建筑、安装、设备、其他费用等占总投资比例分析，与类似工程项目的比较分析，以及影响投资的主要因素分析等。

③总投资估算表、单项工程估算表、工程建设其他费用、预备费、建设期利息、铺底流动资金组成是否完整。

（4）投资估算编制依据审核：

①是否符合有关部门发布的价格指数、利率、汇率、税率等有关参数。

②是否符合造价管理机构或行业协会等编制的投资估算指标、费用定额等有关造价文件。

③类似工程技术经济指标和参数是否符合项目实际情况。

④采取价格是否为项目所在地的人力、材料、机械、设备等的市场价格。

⑤与设计方案、工程水文地质资料、图纸等是否相符。

⑥其他技术经济资料。

（5）投资估算编制方法如下：

投资估算的编制应根据项目实施阶段、所处行业特点、项目方案、收集的资料等选取恰当的编制方法，在项目建议书阶段，可采用生产能力指数法、系数估算法、比例估算法、指标估算法等；在可行性研究阶段，原则上应采用指标估算法。

（6）其他审核事项如下：

①各项工程数量计算是否正确。

②造价指标与工程实际是否相符，是否按照实际需求进行调整。

③各项计算公式、结果是否正确。

3. 设计方案比选优化

为增进项目投资效果，全过程工程咨询项目机构应对项目的建设选址、建设规模、工艺流程、平面布局、建筑形式等进行方案对比选择。审核方案比选的原则、比选的内容、比选的方法是否恰当合理，比选一般采用内部收益率、净现值、投资回收期等方法，也可选择价值工程等方法。

当建设项目的资金筹措方式、建设时间等发生变化时，也应进行投资估算调整。

4. 投资估算审核报告

全过程工程咨询项目机构应在投资估算审核、设计方案比选优化后，编写投资估算审核报告，经总咨询师组织审核后，提交建设单位审批。

5. 配合投资估算评审

全过程工程咨询项目机构应协助建设单位对项目建议书、可行性研究报告申报评审，组织编制单位参加投资估算评审，协助记录、解释、回复评审提出的问题，按照评审意见要求编制单位进行相应调整。

3.3.3　投资估算审核流程及审核表

（1）投资估算由造价专业咨询工程师进行审核，并组织其他专业咨询工程师对项目设计方案等技术参数进行审核，经总咨询师批准后，报建设单位审批确认。

（2）审核表格参见附录 3-1　投资估算审核表。

3.4　项目建议书

3.4.1　项目建议书咨询任务书的编制

1. 咨询任务书的编制

咨询任务书是体现和传递委托人需求、落实咨询合同工作内容、指导咨询服务团队工作的重要文件。咨询任务书由专业咨询负责人组织编制，各专业咨询工程师编写本专业主要工作原则和技术要求，报总咨询师批准后实施。

2. 项目建议书编制任务书的内容

项目建议书编制任务书应包含以下内容：

（1）项目建设方概况及项目背景。

（2）工作范围及目标。

（3）编制依据。

（4）研究重点工作内容。

（5）工作配合和实施要求。

（6）咨询成果要求。

（7）咨询工作进度安排。

3. 项目建议书研究的主要内容

项目建议书研究的主要内容如下：

（1）项目投资动机研究及建设必要性。

（2）投资目标体系初步分析。

（3）拟投资项目相关行业（市场）专题研究。

（4）拟投资项目优势及劣势、机会及威胁分析。

（5）初步可行性分析。

（6）风险及控制措施。

（7）研究结论。

3.4.2 项目建议书编制过程管理

1. 项目建议书基本要求

项目建议书的内容应符合有关法律法规和技术规范的要求，符合规定的内容、深度和格式，满足质量特性要求，达到客观科学、经济合理、内容完整、要素齐备的要求，满足顾客和社会潜在需求，形式上应标识完整、签署齐全、签印正确，满足报批的要求。

2. 过程管理的工作范围及对象

项目建议书编制过程管理的工作范围主要包括编制工作计划管理、组织管理、进度管理、费用管理、质量管理。过程管理对象包括背景资料、数据引用、市场调查数据采集及结论、编制依据、论证方法及主要技术经济成果文件等，应与项目策划主要结论相符合。过程管理的节点和要求应在投资决策咨询管理方案中明确。

3. 过程管理的方式

过程管理主要采用专业评审方式，由各专业咨询工程师进行过程管理并形成书面评审记录。主要结论性成果采用专家会议评审方式进行，形成咨询成果评审会议纪要，经会签后下发实施。

4. 专家会议评审管理流程

项目建议书专家会议评审由投资决策咨询负责人组织，由相关专业高级职称以上人员担任评审人，评审时填写评审记录，形成会议纪要并会签，经投资决策咨询负责人审核后报总咨询师审批，并交由编制咨询单位进行文件修改完善。

3.4.3 主要结论和成果文件管理

1. 项目建议书内容完整性管理要点

项目建议书一般包含以下内容：

（1）总论。

（2）项目背景及建设的必要性论述。

（3）项目需求分析及规模定位。

（4）项目选址和建设条件论证。

（5）初步建设方案。

（6）环境和生态影响。

（7）项目组织机构及人力资源配置。

（8）项目建设实施计划。

（9）投资估算与资金筹措。

（10）财务与经济影响分析。

（11）社会影响及风险分析。

（12）研究结论和建议。

（13）项目建议书编制质量审查要点。

2. 项目建议书背景资料审查要点

（1）建设单位向上级主管部门上报项目设想的文件及其附图、附表、附件。

（2）上级主管部门批示、重要会议纪要等项目建设重要背景资料。

（3）政府主管部门批准的有关项目建设目标任务、功能定位和建筑规模的文件。

（4）项目承办机构情况及组织设置合理性与合规性。

（5）经济评价和社会评价所需的各种基础数据、表格、资料等。

3. 项目建设必要性及其总体目标审查要点

（1）核查本项目的立项和所定项目总体目标是否符合国家宏观经济政策、行业规划、相关上位规划、专项规划等要求，必要时应有正式文本的摘录；审查建设必要性论证是否科学、可靠、可行。

（2）核查项目总体目标是否与服务需求预测的结论相吻合。服务需求预测应从项目实际情况出发，实事求是，针对项目情况进行不同侧面的风险分析，并综合分析项目总体目标的科学性、必要性、可行性。

4. 项目建设选址及建设条件审查要点

新建项目应提供当地自然资源主管部门或市政基础设施配套条件（供电、供水、排水、供热、供气、通信、道路等）等相关业务主管部门初步意见，初选场址方案比较，自然资源主管部门对选址的意见和用地预审的初步意见，安全、文物管理等政府主管部门意向性文件。新址初步调查分析材料包括用地位置、征地拆迁工作、地形、地貌、地质概况等相关材料。

5. 建设方案审查要点

（1）建筑专业。

审查项目立项的依据是否可靠，服务需求预测是否切合实际，项目建设总体目标、建设内容、规模和功能定位是否科学等。咨询管理控制的重点包括以下六个方面：服务需求规模预测、功能定位、场址选择、总体规划方案、建筑规模及意向性方案、建筑节能节地措施。

（2）结构专业。

初选场址地质适建性评价，初选结构方案合理性评价。

（3）给水排水专业。

审查给水水源与最大日用水量、污水量和排水（雨水、污水）出路、既有消防系统设施能否满足项目需要。

（4）供电、照明、建筑智能化专业。

审查用电负荷估算与外供电源落实，审查建筑智能化各系统设置的必要性。

（5）生态环境和安全性影响。

审查生态环境和安全性是否符合项目实际情况，是否与项目策划有关结论符合。

6. 项目建设进程安排

根据项目建设总体目标、拟建设内容，对项目建设期时间安排进行客观性、合理性审查。

7. 管理组织审查要点

审查项目组织机构及人力资源配置是否符合建设单位实际情况，是否与项目策划有关结论符合。

8. 经济专业审查要点

匡算指标选取应符合拟建项目的要求，全面反映初步方案工程内容和要求。故应审查投资匡算的完整性和准确性。

9. 项目资金筹措方式审查要点

针对项目资金安排，对初步确定融资主体、融资渠道、融资方式、融资时间等进行审查。

10. 社会评价审查要点

审查社会评价的科学性和全面性。

3.4.4 项目建议书成果文件报批

总咨询师会同委托方相关人员，按照建设单位内部决策流程和有关要求，组织（或参加）相关专家审定会议，形成的项目建议书成果文件经参会各方同意并会签（或建设单位决策机构批准）后，报送相关主管部门批复。

3.4.5 项目建议书阶段管理咨询流程图

项目建议书阶段管理咨询流程如图 3-3 所示。

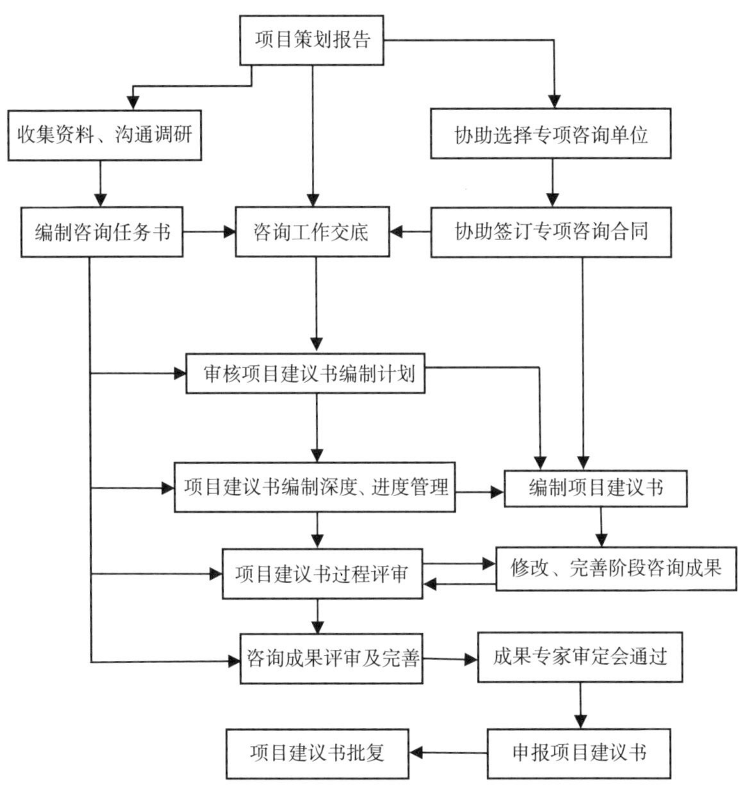

图 3-3　项目建议书阶段管理咨询流程

3.5　项目可行性研究报告

3.5.1　项目可行性研究报告任务书的编制

1. 可行性研究报告咨询任务书的编制

可行性研究咨询任务书是实现建设意图和目标、落实项目策划成果、细化项目建议书批复意见、指导可研编制工作开展的重要文件。该任务书由专业咨询负责人组织编制，各专业咨询工程师编写本专业主要工作原则和技术要求，报总咨询师批准后实施。

2. 项目可研编制任务书的内容

项目可研编制任务书应包含以下内容：

（1）项目承办方概况。

（2）项目背景。

（3）编制依据。

（4）研究重点工作内容：

①投资必要性。

②技术可行性。

③财务可行性。

④组织可行性。

⑤经济可行性。

⑥社会可行性。

⑦风险因素及对策。

（5）可研编制工作组织和流程。

（6）咨询成果要求。

（7）咨询工作进度安排。

3.5.2 项目可行性研究报告编制过程管理

1. 编制过程管理的工作内容

可行性研究报告编制过程管理的工作内容一般应包含：

（1）合同管理：包括协助建设单位选择可行性研究报告编制单位，签订咨询合同，管理工作范围，督促履约等。

（2）组织管理：验证编制机构负责人及主要编制人员的资格及能力是否与项目匹配，专业组成与分工，落实专业协同和外部协作等组织管理。

（3）计划管理：审核可行性研究报告编制工作计划，督促落实相关内容。

（4）进度管理：审核进度计划，督促进度计划分解，落实进度节点。

（5）技术管理：审核背景资料管理、编制依据，判断项目建设必要性、建设可行性论证的逻辑性，评审建设方案细化内容、估算、经济评价、节能、环保、安全等内容。

2. 过程管理的流程

咨询过程管理的对象、节点和要求应在投资决策咨询管理方案中明确。

（1）内部管理评审。

专业咨询负责人按照投资决策咨询管理方案提出评审的时机和要求，根据专业咨询工作进度，组织过程评审工作。单专业评审由专业咨询工程师担任评审人，专业咨询负责人负责审核。多专业评审由本专业高级职称以上专家担任评审人，专业咨询负责人负责审核并经总咨询师审批后，交由可行性研究报告编制单位按评审意见进行文件修改完善。

（2）专家会议评审。

关键阶段性成果（如市场分析结论、建设方案、估算、经济评价等）采用专家会议评审。由专业咨询负责人提出、总咨询师组织，由专项咨询机构专题汇报，必要时还可邀请有关建设单位代表、相关行业专家、有关职能部门代表参加，形成会议纪要

并经会签，专业咨询负责人审核、总咨询师批准后，交由专项咨询方按评审意见进行文件修改完善。

3.5.3　关键阶段性成果评审

可行性研究工作应遵循“方案可行、数据真实、内容全面、预测准确、论证严密、结论科学”的基本原则。

1. 可行性研究报告内容完整性管理要点

（1）总论。

（2）项目背景分析。

（3）项目需求分析。

（4）项目建设必要性分析、市场分析。

（5）项目建设内容、建设规模分析论证。

（6）项目建设用地情况分析。

（7）工程建设方案。

（8）节能评价。

（9）环境影响评价。

（10）劳动安全卫生评价。

（11）项目组织机构及管理模式。

（12）项目进度计划。

（13）初步招标方案。

（14）项目投资估算并确定筹资方案。

（15）经济评价。

（16）社会稳定风险分析评价。

（17）风险评价。

2. 可行性研究阶段前期资料审查要点

（1）政府主管部门对项目建议书等批复意见，相关文本、咨询评估报告。

（2）项目承办机构或政府有关主管部门对建设项目任务职责、人员编制、机构设置的有效批件。

（3）建设单位前期项目设想、市场调查、意向性方案等报告及其附图、附表、附件。

（4）法律法规对环境评价有前置要求的特殊项目，由专业咨询单位编制的环境影响评价报告（表）以及政府环保主管部门的批件。

（5）项目用地区域的供电、供水、排水、供热、供气、通信、道路等现状资料或专项规划资料。

（6）政府自然资源主管部门对拟征或拟扩征地的意向性文件、用地预审及选址意见书、“规划要点”和场址红线图、场址测量图、工程水文地质初步勘察报告、气象资料。

（7）项目单位现状资料，其内容与建议书阶段基本相同，但需细化和核实。

（8）政府投资项目，应办理相关政府投资手续或落实相关批件；凡需贷款的建设项目，应有贷款银行对贷款额度的承诺书；自筹资金项目，需落实自筹资金来源。

（9）经济评价、风险分析和社会评价所需的各种基础数据、表格、资料等。

（10）有功能使用、工艺策划要求的项目，应有工艺设计初步方案。

3. 建设必要性

结合已批准的项目建议书相关内容，从项目立项背景、国家有关政策、上位规划、市调结果及需求分析等角度，深入核查分析项目建设必要性。

4. 建设目标和规模

主要复核是否符合项目建议书批复相关内容，对建设单位提出的规模重大的修改或其他重要目标变更，评估其理由的充分性并协助落实。

5. 建设条件

审查文物管理以及人防、消防、交通、园林等主管部门对建设项目提出的规定条件和要求。审查现有市政基础设施如供电、供水、排水、供热、供气、通信、道路等满足建设条件的情况。审查项目建设当地供应商、材料、设备满足建设条件情况。

6. 建设方案各专业咨询内容及深度审查要点

（1）建筑专业控制要点。

建筑专业主要控制三个原则：一是符合已批复的项目建议书相关内容，确需调整的应进行专门评估；二是符合法律法规、技术规范规定；三是应结合项目选址现场实际情况进行。主要审查以下方面：

①建设规模是否符合服务需求预测和项目总体目标。

②项目基本功能定位是否符合相关建设标准规定，其基本业务功能、特殊业务功能的设置及其服务量是否与总体目标相吻合，科学论证是否到位。

③场址选择着重核查是否与相关规划相符，重大问题应进行专题调研分析，提出明确意见或建议。

④总体规划方案应力求合理、优化、创新。

⑤建筑规模配置面积应符合使用要求及建设标准规定。

⑥根据项目特点复核建筑节能是否满足规定指标要求。

（2）结构专业控制要点。

对项目建议书评估意见中对结构方案提出的意见和建议应予核查落实，并进行优化论证，对可行性研究报告中采用的新结构应进行进一步研究，是否需要超限审查。

（3）给水排水专业控制要点。

①用水量定额标准是否适当，是否充分考虑了水的再生利用及雨水回用等节约用水措施。

②给水水源供水的可靠性。

③给水系统方案符合利于使用、可靠、节能节水的要求，所采取的主要供水设备、管道是否合理，水处理方案是否合理和最优化。

④复核排水量和排水水质是否与实际相符。

⑤排水出路符合法律和规范规定。

⑥排水系统排水制度及划分的合理性。

⑦污水处理方案合理性。

⑧消防设计控制：主要包括执行的消防规范、法规，消防设置依据，消防系统设置合理性。

（4）采暖、通风、空气调节控制要点。

①设计参数执行有关规范的规定。

②建筑物的体形系数，窗墙比，屋面、外墙、外窗的传热系数是否符合《公共建筑节能设计标准》GB 50189—2015 的规定要求。各建筑物冷热源进口处、出口处是否设冷量和热量计量装置。

③冷、热源的选择是否根据建筑规模、使用特点，结合当地能源结构及其价格政策、环保规定等因素确定。

④各空调系统划分，是否根据不同性质、不同使用情况，经论证确定。

⑤消防系统是否准确、安全、可靠、经济可行，符合相关规范规定。

（5）电气专业控制要点。

①负荷等级划分是否合适，负荷估算的方法和标准是否恰当。

②外供电源电压等级是否合适，电源是否落实。

③供电系统方案是否合理、可靠、经济、可行。

④设备材料选型、变电所的设置是否满足节能要求，防雷、接地等是否符合安全性。

（6）建筑智能化专业控制要点。

从建设项目性质、规模、功能定位评估等方面审查建筑智能化各系统设置的必要性、经济性和可行性。

（7）生态环境和安全性影响。

审查生态环境和安全性影响是否符合项目实际情况，是否与项目建议书有关内容符合。

（8）项目建设周期安排。

根据项目建设总体目标、拟建设内容及项目具体情况，对项目实施中各项工作部署和时间安排的逻辑性、客观性、系统性进行审查。

（9）管理组织审查要点。

审查项目组织机构及人力资源配置是否符合建设单位实际情况，是否与项目建议书有关内容符合。

（10）招标方案。

拟定招标范围是否全面，招标方式是否符合有关法律法规要求。

（11）投资估算专业控制。

①采用的估算指标必须符合拟建项目的要求，满足可靠性。

②应充分考虑各专业设计内容及建设安排。

③相关费用应计取全面，满足范围完整性。

④应结合项目现场实际及外部因素拟定招标方案，提高准确性。

（12）经济评价。

结合项目实际，按照有关规定，重点审查：财务评价基础数据与参数选取合理性、目标市场渠道及销售收入真实性、成本费用估算的全面性、财务评价报表编制正确性、财务评价指标（盈利能力分析、偿债能力分析、不确定性分析）的计算准确性，最终对财务评价结论的真实性、客观性、准确性作出判断。

（13）风险分析。

风险分析应包含市场风险、法律风险、政策风险、技术风险、资金风险、外部条件风险等内容，应从风险识别全面性、风险评价客观性及对规避、控制与防范风险的措施可行性、有效性进行审查。

3.5.4 项目可行性研究报告成果文件报批

1. 报批流程

总咨询师会同委托方相关人员，按照建设单位内部决策流程和有关要求，组织（或参加）相关专家审定会议，并经建设单位决策机构批准后，报送相关主管部门批准。

2. 基本资料要求

（1）可行性研究报告文本。

（2）申请人所属主管部门或项目所在地县（区）发展改革部门出具的拟建项目可行性研究报告审批申请文件（含本级政府同意项目建设的意见或者列入本级政府、上级政府（部门）财政资金支持的项目建设规划）。

（3）节能审查意见（按规定不再单独进行节能审查的项目除外）。

（4）选址意见书（仅指以划拨方式提供国有土地使用权的项目且属建制镇规划区及以上的建设项目）。

3. 受理部门

授权的各级发展改革部门。

3.5.5　项目可行性研究阶段咨询服务流程图

项目可行性研究阶段咨询服务流程如图 3-4 所示。

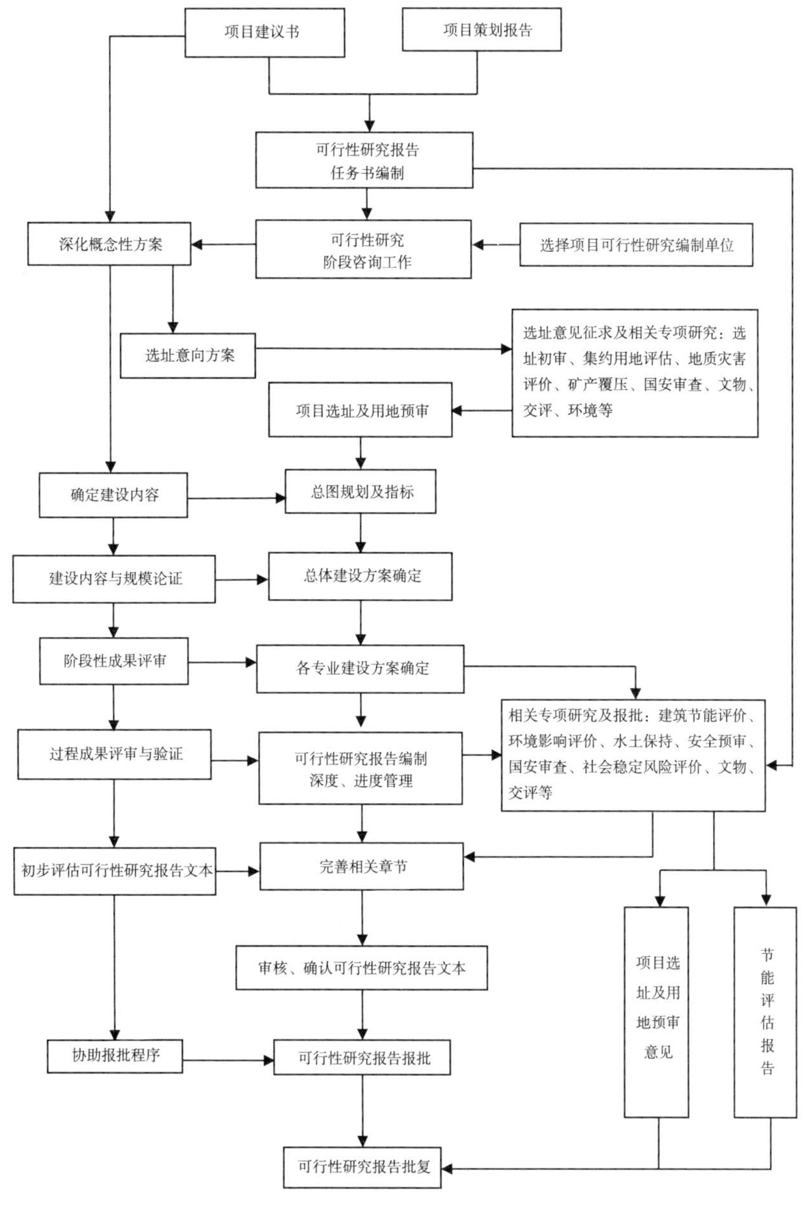

图 3-4　项目可行性研究阶段咨询服务流程

3.6 项目申请报告

3.6.1 编制项目申请报告的一般要求

项目申请报告适用于核准类项目的申请，应在项目可行性研究基础上，按照有关规定就项目建设的外部宏观公共性事项与相关法律法规、政策要求相一致的情况进行论证和阐述，作为投资主管部门核准的依据。项目申请报告文本以及附具文件应遵循真实性、合法性和完整性原则。

3.6.2 项目申请报告的主要内容

项目申请报告主要包括以下内容：

①企业基本情况。

②拟建项目情况，包括项目名称、建设地点、建设规模、建设内容、投资规模等。

③建设用地及相关规划。

④项目资源利用及能源消耗情况分析。

⑤对生态环境的影响分析。

⑥项目对经济和社会的影响分析。

⑦按照规定必须招标的项目，应包含招标方案内容。

3.6.3 项目申请报告过程管理

参照项目可行性研究报告过程管理。

3.6.4 项目申请报告成果文件报批

1. 报批流程

参照项目可行性研究报告报批流程。

2. 基本资料要求

（1）项目申请报告，包含申请人或转送单位的申请文件，并加盖公章。

（2）重大项目社会稳定风险评估报告及审核意见。

（3）建设项目用地预审与选址意见书。

3. 受理部门

授权的各级发展改革部门。

3.6.5 项目申请报告阶段咨询服务流程图

项目申请报告阶段咨询服务流程如图 3-5 所示。

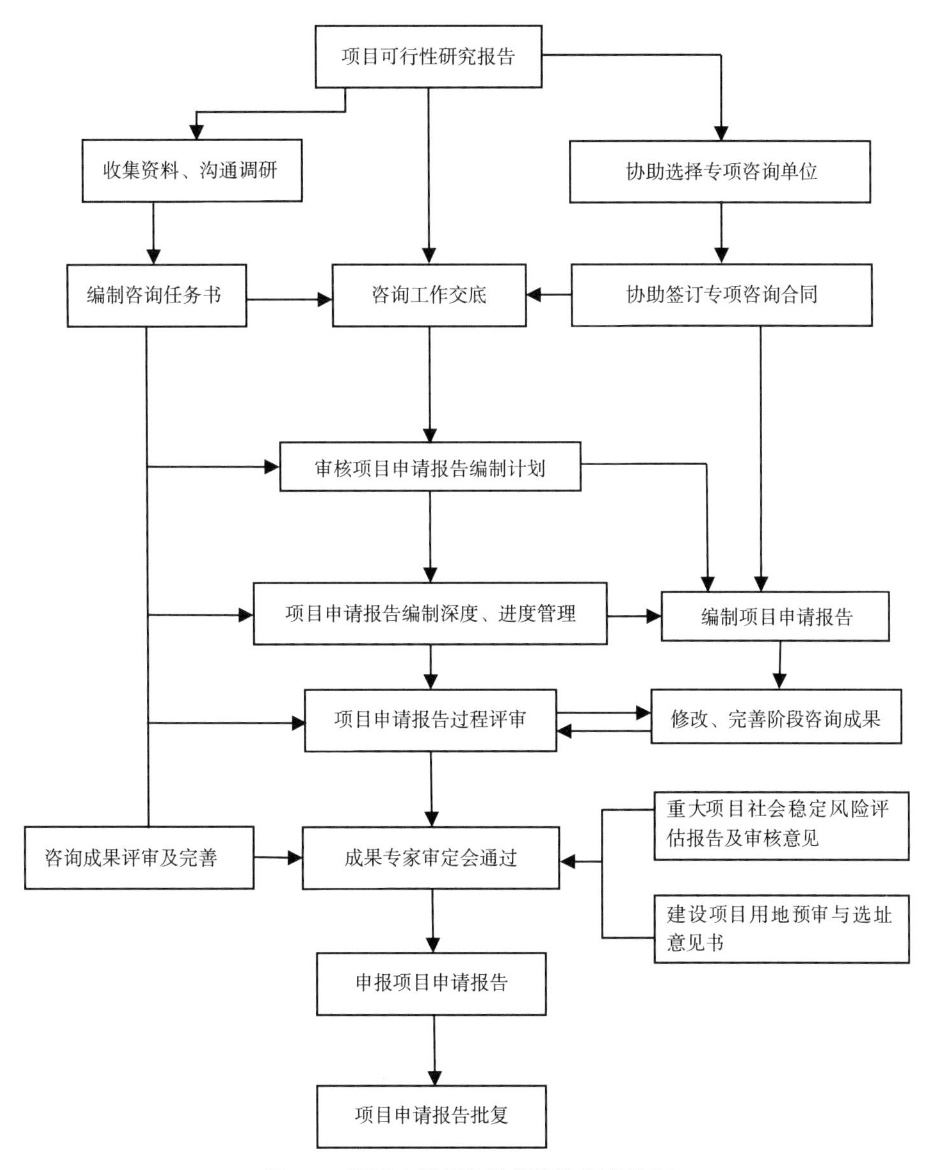

图 3-5　项目申请报告阶段咨询服务流程

3.7　投资决策阶段专项咨询管理

3.7.1　投资决策阶段专项咨询管理范围

根据现有法律法规、有关政策要求并结合工程实际情况，全过程工程咨询项目机构应在投资决策咨询管理方案中，分析确定拟建项目需要办理的专项咨询工作内容，确定咨询管理工作范围，明确过程管理的对象、节点和要求。

涉及投资决策阶段的专项咨询服务事项包括并不限于以下内容，实施中应根据不同工程类别、性质、规模、区位、现状具体确定：

（1）节能评估。

（2）环境影响评价。

（3）选址与用地预审。

（4）社会风险评估。

（5）选址阶段交通影响评价办理。

（6）建设项目压覆重要矿产资源评估。

（7）生产建设项目水土保持方案。

（8）安全预评价。

（9）涉及国家安全事项的建设项目审批。

（10）涉及建设工程文物保护和考古许可办理。

（11）其他法律法规规定的相关专项咨询。

以上内容应根据相关法律法规、政策规定、技术规范及审批部门要求，随时调整。

3.7.2 专项咨询任务书编审

根据专项咨询工作范围和内容，结合项目实际需要，针对专项咨询内容编制《项目投资决策阶段 ××× 专项咨询任务书》，作为专项咨询管理的基本依据，主要应包含以下内容：

（1）项目建设方概况及项目背景。

（2）工作范围及目标。

（3）编制依据及参考。

（4）研究重点工作内容。

（5）工作配合和实施要求。

（6）咨询成果要求。

（7）咨询工作进度安排。

3.7.3 专项咨询过程管理

1. 专项咨询单位自我评审

专项咨询单位根据自身所承担的咨询范围及内容、过程评审阶段评审记录修改要求及内部咨询服务控制程序，对自身所承担的专项咨询成果文件进行验证。提交全过程工程咨询项目机构的最终咨询成果必须完成自我评审，内部审批手续应作为成果附件一同上报。

2. 全过程工程咨询项目机构评审

（1）全过程工程咨询项目机构专业评审。

相关专业咨询工程师应对咨询成果文件（报告文本、相关图纸和估算书、经济评价文件等）相关内容进行专业评审，对成果文件进行检查、核对和验算，确保咨询研究结果及其表达符合委托人要求及过程修改要求。评审意见经专业负责人审核、总咨询师批准后交原咨询单位按校对意见进行文件修改。

（2）全过程工程咨询项目机构各专业相互评审。

经专业评审后的成果文件由咨询专业负责人组织各专业相互评审，对与本专业相关的其他专业内容进行评审，重点应对成果文件中的多专业综合意见和结果进行检查，评审意见经专业负责人审核、总咨询师批准后交原咨询单位按评审意见进行文件修改。

修改后的最终成果文件及评审意见一并送交专业咨询负责人进行审核，经审核合格后填写咨询成果文件并报送总咨询师，由总咨询师批准后进入委托方评审。

3. 委托方评审

总咨询师会同委托方相关人员，按照建设单位内部决策流程和有关要求，组织相关专家会议审定，经建设单位决策机构批准后，按照规定程序和资料报送相关主管部门批准。

3.7.4　项目规划选址和用地预审咨询管理

1.《项目规划选址和用地预审报告》内容完整性审查要点

（1）项目建设背景，包括项目建设目的、项目建设依据、项目建设意义。

（2）项目基本情况，包括项目建设地点、项目建设内容、项目用地基本情况。

（3）项目选址及与相关规划衔接情况。

（4）项目用地标准符合性情况。

（5）其他需要明确的内容，已按规定将补充耕地、征地补偿、土地复垦等相关费用足额纳入项目工程概算。

（6）结论。

2. 建设项目选址咨询管理要点

建设项目选址应重点进行以下内容管理：

（1）工程概况及建设适宜性分析。

（2）设施配套分析。

（3）景观环境影响分析。

（4）社会影响分析。

（5）交通影响分析。

（6）历史文化影响分析。

（7）项目安全性分析。

（8）建设用地需求分析。

3. 用地预审咨询管理质量审查要点

（1）建设项目的合规性。

建设项目与产业政策的符合性、与供地政策的符合性、与行业发展规划的符合性、与土地利用总体规划的符合性、与城市总体规划的符合性以及与其他相关规划的符合情况分析。

（2）建设项目的合理性。

建设依据、现实需要及产生和带动的效益分析，建设条件，所采用的工艺先进性、经济性，比选方案用地情况，建设项目所采取的节地技术措施，建设项目布局情况、功能分区情况，拟建设场地对耕地的避让情况，远期预留用地情况，临时用地情况，代征用地情况等分析，并进行建设项目生产或建设规模与所涉及土地使用标准、建设标准的对比，以及项目分期建设合理性等分析。

（3）用地规模与用地程度合理性。

对建设项目用地程度评价为主，重点关注土地利用规模、土地利用结构、土地利用强度和土地利用效益等方面。

4. 选址及用地预审咨询服务流程图

选址及用地预审咨询服务流程如图 3-6 所示。

3.7.5 项目节能评估管理咨询内容

1. 项目节能报告内容完整性审查要点

项目节能报告内容完整性审查具有以下要点：

（1）前言：概要性地陈述项目的地点、规模、功能、采用的常规能源与可再生能源的种类和消耗量。

（2）项目基本信息概况。

（3）项目节能设计依据及标准。

（4）项目建设地气象参数及水文地质资料。

（5）项目所在地能源供应条件。

（6）可再生能源及新能源利用情况。

（7）建筑物理环境分析。

（8）围护结构保温隔热系统设计。

（9）建筑设计。

（10）结构设计。

（11）暖通空调系统节能设计。

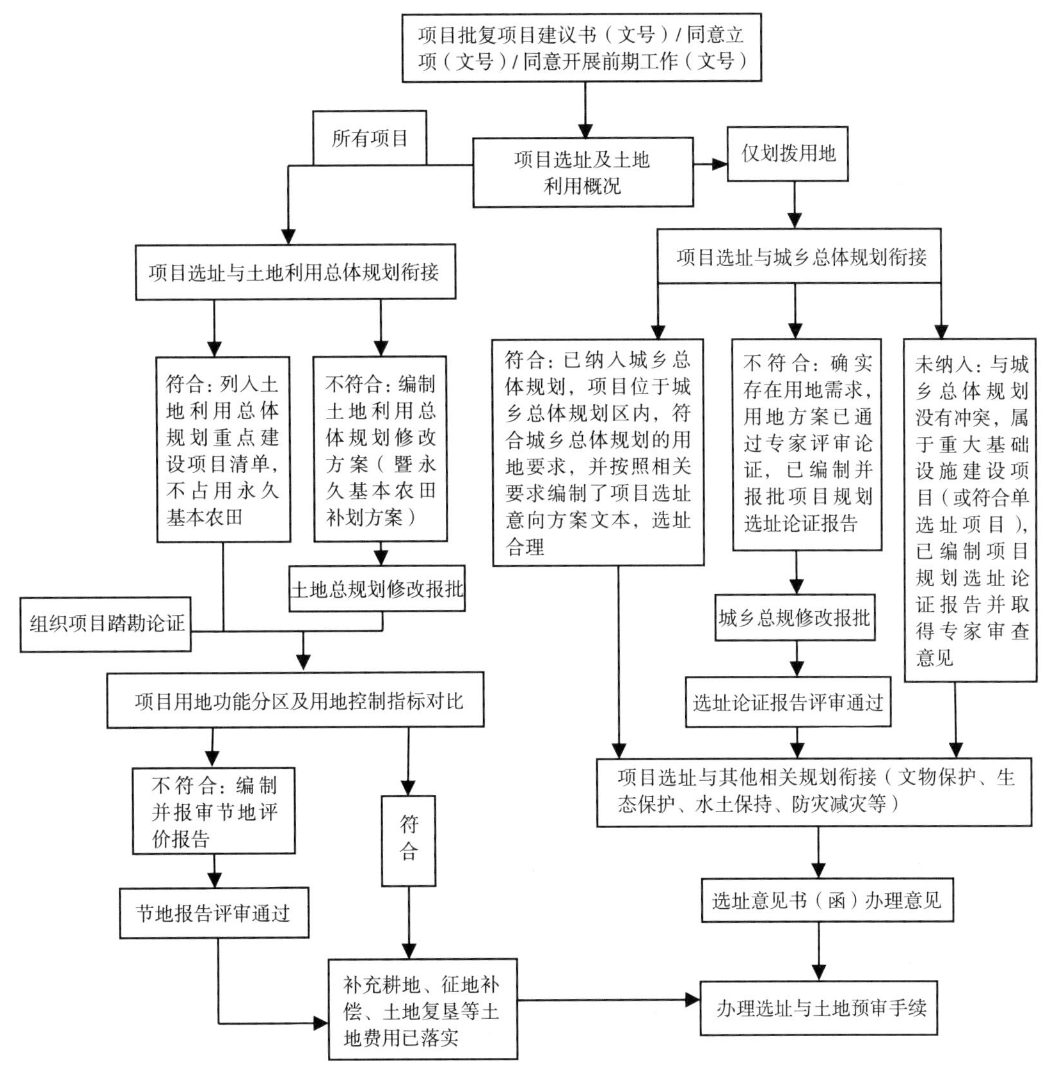

图 3-6　选址及用地预审咨询服务流程

（12）电气系统节能设计。

（13）给水排水系统节能设计。

（14）建筑智能化系统节能设计。

（15）项目能耗分析。

（16）改善措施及建议。

（17）结论。

（18）图纸及附录。

2. 项目节能报告编制质量审查要点

项目节能报告编制质量审查具有以下要点：

（1）编制依据。

（2）项目概况。

（3）能源供应情况。

（4）项目建设方案节能审查。

（5）项目能源消耗和能效水平审查。

（6）节能措施审查。

（7）存在问题及建议等。

3. 节能报告报批资料

（1）固定资产投资项目节能报告。

（2）主管单位项目呈报文件。

3.7.6 项目环境影响评价咨询管理

1. 建设项目的环境影响报告书内容完整性审查要点

建设项目的环境影响报告书内容完整性审查具有以下要点：

（1）建设项目概况。

（2）建设项目周围环境现状。

（3）建设项目对环境可能造成影响的分析、预测和评估。

（4）建设项目环境保护措施及其技术、经济论证。

（5）建设项目对环境影响的经济损益分析。

（6）对建设项目实施环境监测的建议。

（7）环境影响评价的结论。

2. 建设项目的环境影响报告表（登记表）的内容

建设项目的环境影响报告表（登记表）应包含下列主要内容：

（1）建设项目基本情况。

（2）建设项目所在地自然环境、社会环境简况。

（3）环境质量现状。

（4）评价适用标准。

（5）建设项目工程分析。

（6）项目主要污染物产生及预计排放情况。

（7）环境影响分析。

（8）建设项目拟采取的污染防治措施及预期治理效果。

（9）结论与建议。

3.《项目环境影响报告书（表）》内容管理要点

《项目环境影响报告书（表）》一般包括概述、总则、建设项目工程分析、环境现

状调查与评价、环境影响预测与评价、环境保护措施及其可行性论证、环境影响经济损益分析、环境管理与监测计划、环境影响评价结论和附录附件等内容。《项目环境影响报告书（表）》应符合《建设项目环境影响评价技术导则 总纲》HJ2.1—2016 规定。

（1）文字应简洁、准确，文本应规范，计量单位应标准化，数据应真实、可信，资料应翔实，应强化先进信息技术的应用，图表信息应满足环境质量现状评价和环境影响预测评价的要求。附录和附件应包括项目依据文件、相关技术资料、引用文献等。

（2）根据《中华人民共和国水土保持法》和《中华人民共和国水土保持法实施条例》的相关规定，拟建工程需采取水土保持措施的，《建设项目环境影响报告书》中的水土保持方案必须先经水行政主管部门审查同意。

（3）《建设项目环境影响报告书（表）》应采用规定格式。可根据工程特点、环境特征，有针对性地突出环境要素或设置专题开展评价。

（4）《建设项目环境影响报告书（表）》内容涉及国家秘密的，按国家涉密管理有关规定执行。

3.7.7　社会评价和社会稳定分析咨询管理

1. 社会评价

（1）社会评价管理基本要求。

社会评价主要适用于社会因素复杂、社会影响久远、社会矛盾突出、社会风险较大、社会问题较多的重大项目，应根据项目具体情况和相关主管部门要求确定社会评价的必要性。项目建议书阶段应进行初步社会评价，判断项目社会可行性和可能面临的社会风险。项目可行性研究（项目申请报告）阶段进行详细的社会评价，应在初步社会评价的基础上，进一步研究与项目相关的社会因素和社会影响程度，详细论证风险程度，从社会层面论证项目的可行性，编制社会管理方案。

（2）社会评价报告内容完整性管理要点。

社会评价报告内容完整性管理要点主要包括以下内容：

①前言。

②社会经济基本情况与项目背景。

③社会影响分析。

④利益相关者分析。

⑤社会互适性分析。

⑥社会风险分析。

⑦社会可持续性分析。

⑧政府公共职能评价。

⑨社会管理计划及其实施。

⑩社会管理计划实施的监测评估。

⑪主要结论及建议。

⑫附件、附图及参考文献。

2. 社会稳定风险分析

（1）社会稳定风险分析编制管理规定。

根据《国家发展改革委办公厅关于印发重大固定资产投资项目社会稳定风险分析篇章和评估报告编制大纲（试行）的通知》（发改办投资〔2013〕428号），项目单位在组织开展项目前期工作时，应当委托具有相应资信的工程咨询机构开展项目社会稳定风险分析，作为项目可行性研究报告、项目申请报告的重要内容并设独立篇章，或者单独编制项目社会稳定风险分析报告。

（2）社会稳定风险分析报告应包含的内容。

社会稳定风险分析报告应包含以下内容：

①项目概况。

②编制依据。

③社会稳定风险调查。

④风险识别。

⑤风险评估。

⑥风险防范和化解措施。

⑦采取风险防范和化解措施后的风险等级分析，各项风险防范、化解措施落实的可行性和有效性，判断落实措施后的风险等级。

⑧项目稳定风险应急预案、风险管理联动机制等建议。

3.7.8 其他相关专项咨询管理

1. 选址阶段交通影响评价

根据建设项目的实际情况和周边交通系统的情况，按照有关管理部门要求，需要在选址阶段进行交通影响评价的建设项目，应在选址意见书办理过程中进行交通影响评价。选址阶段交通影响评价的主要内容包括项目概况、现状分析、规划解读、需求预测、交通评价、改善建议等内容。

2. 地质灾害危险性评估及压覆重要矿产资源办理

根据相关法律法规及有关规定，位于有关部门确定的地质灾害易发区的单独选址建设项目，在办理完成用地预审手续后，及时完成地质灾害危险性评估及压覆矿产资源登记手续。

3. 涉及国家安全事项的建设项目审批

根据相关法律法规及有关规定，《中华人民共和国国家安全法》第五十九条涉及国家安全事项的工程建设项目，在投资决策阶段需要将拟建项目的选址和场所的用途，报送国家安全机关进行审批。提交资料一般包括以下内容（以项目所在地主管部门要求为准）：

（1）涉及国家安全事项的建设项目许可申请书。

（2）建设项目投资性质、使用功能、地理位置及周边环境说明文件。

（3）建设项目规划 1：500 总平面图。

（4）建设项目整体规划设计方案或内部智能化集成系统、办公自动化系统、信息网络系统等设计方案。

4. 涉及建设工程文物保护和考古许可办理

根据相关法律法规及有关规定，《中华人民共和国文物保护法》第十七条、第十八条、第二十九条，涉及文物保护单位保护范围和建设控制地带的工程建设项目，应依据有关法律法规，办理涉及建设工程文物保护和考古许可手续。提交资料一般包括以下内容（以项目所在地主管部门要求为准）：

（1）申请书。

（2）建设工程设计方案、1：500 ~ 1：2000 现状地形图（标出所涉及的文物保护单位）、拟建项目与所涉及文物保护单位保护区划位置关系图，拟建建筑的总平面、平面、立面、剖面图等，确保文物安全措施等。

（3）文物影响评估报告、文物勘探报告。

5. 生产建设项目水土保持方案审批

根据相关法律法规，《中华人民共和国水土保持法》第二十五条：山区、丘陵区、风沙区以及水土保持规划确定的容易发生水土流失的区域，凡征占地面积在一公顷以上或者挖填土石方总量在一万立方米以上的开发建设项目，应当编报水土保持方案报告书；其他开发建设项目应当编报水土保持方案报告表。

审批制项目，在报送可行性研究报告前完成水土保持方案报批手续；核准制项目，在提交项目申请报告前完成水土保持方案报批手续；备案制项目，在办理备案手续后、项目开工前完成水土保持方案报批手续。经批准的水土保持方案应当纳入下阶段设计文件中。提交资料一般包括以下内容（以项目所在地主管部门要求为准）：

（1）审批申请文件。

（2）生产建设项目水土保持方案报告。

6. 安全预评价

建设项目安全预评价以及职业卫生研究内容同可行性研究形成相互的条件关系，

建设项目建设方案研究为安全预评价提供条件，安全预评价、职业卫生和消防要求对建设方案研究及其安全、职业卫生和消防篇章内容产生影响，进而影响项目决策。安全预评价主要内容应包括：

（1）自然危害因素分析。

（2）周边环境危害因素分析。

（3）安全措施规划。

（4）安全管理组织规划。

（5）安全设施投资估算。

3.7.9 投资决策阶段有关专项咨询服务流程图

投资决策阶段有关专项咨询服务流程如图 3-7 所示。

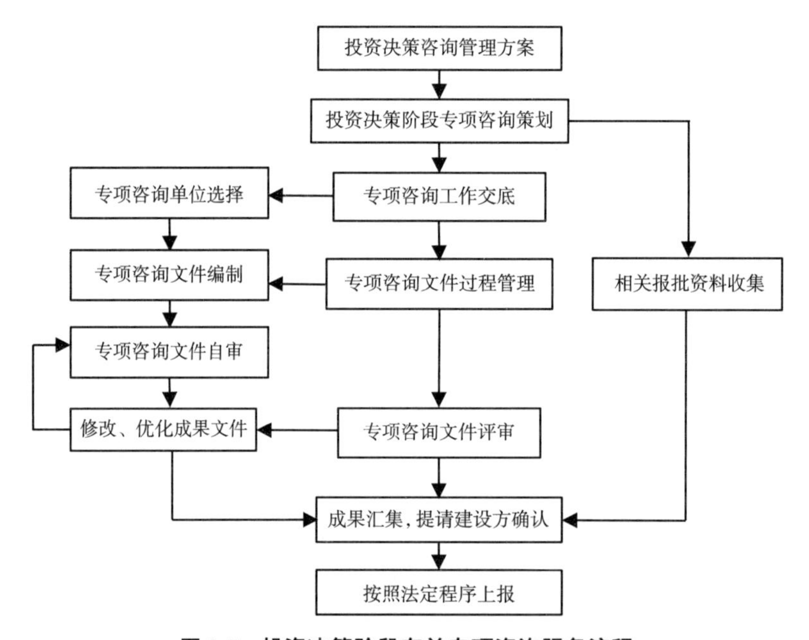

图 3-7　投资决策阶段有关专项咨询服务流程

3.8 投资决策阶段 BIM 技术应用管理

BIM 技术用可视的数字模型把项目可行性研究、设计、建造和运营全过程串联起来，充分利用 BIM 的可共享性及可管理性等特性，为项目全过程工程咨询管理的各项业务提供完整管理闭环，提升项目综合管理能力和管理效率。全过程工程咨询项目机构应根据项目管理需要使用 BIM 技术，提高项目的管理水平。项目 BIM 技术应用管理工作由全过程工程咨询项目机构下设的 BIM 咨询部负责，采用多方参与的方式共同

推进 BIM 技术在项目中的应用实施。BIM 咨询部负责全过程工程咨询项目的 BIM 全过程应用管理和实施。

借助 BIM 技术，以 BIM 模型作为信息管理有效载体，开展项目全生命周期信息集成管理。在项目投资决策阶段，通过构建项目仿真模型进行项目场址优选、技术经济及建设条件分析，增强项目投资决策的科学性。

项目决策阶段创建的模型应根据项目全生命周期的 BIM 应用策划作出规划，以实现模型及信息在后续环节中的充分利用。

将繁琐的文字、图纸资料、碎片化与抽象化的需求整合到建筑信息模型文件中。

附录 3–1　投资估算审核表

投资估算审核表

项目名称：

序号	审核主要内容	是否满足	修改意见	备注
1	是否符合国家法律法规、强制性条文等			
2	成果文件格式是否符合规程、签章是否齐全			
3	投资估算文件内容是否完整			
4	估算文件编制依据是否正确			
5	编制方法是否合理			
6	其他有关内容			
造价专业咨询工程师： 其他专业咨询工程师： 总咨询师：				
建设单位审批意见：				

第4章 勘察、设计阶段咨询服务

4.1 编制勘察、设计咨询工作方案

根据咨询合同及总咨询师要求，各专业咨询工程师根据项目特征编写全过程工程咨询勘察、设计咨询管理实施方案，内容涵盖项目勘察阶段、方案设计阶段、初步设计阶段、施工图设计阶段及施工过程中的设计咨询管理。

4.1.1 编制全过程咨询勘察管理实施方案

勘察实施方案具体内容详见附录4-1　全过程工程咨询勘察实施方案。

4.1.2 编制全过程咨询设计咨询管理实施方案

全过程咨询设计咨询管理实施方案内容涵盖项目方案设计阶段、初步设计阶段、施工图设计阶段及施工过程中的设计咨询管理，具体实施详见附录4-2　全过程工程咨询设计咨询实施方案。

4.2 编制勘察任务书

4.2.1 编制依据

勘察任务书的编制依据主要有以下几点：

（1）项目建议书及可行性研究等批复文件。

（2）全过程工程咨询委托合同。

（3）工程建设强制性标准。

（4）国家规定的建设工程勘察、设计深度要求。

（5）《建设工程勘察设计管理条例》。

（6）《岩土工程勘察规范》GB 50021—2001。

（7）《建设工程勘察质量管理办法》。

4.2.2 编制内容

勘察任务书的编写应把地基、基础与上部结构作为互相影响的整体，并在调查研究场地工程地质资料的基础上，下达勘察任务书，见附录 4-3　勘察委托任务书。

勘察任务书应说明工程的意图、设计阶段（初步设计阶段或施工图设计阶段）、要求提交勘察报告的内容、现场及室内的测试项目以及勘察技术要求等，同时应提供勘察工作所需要的各种图表资料。

为配合初步设计阶段进行的勘察，在勘察任务书中应说明工程的类别、规模、建筑面积及建筑物的特殊要求、主要建筑物的名称、最大荷载、最大高度、基础最大埋深和重要设备的有关资料等，并向专业咨询工程师（勘察）提供附有坐标的比例为 1∶1000～1∶2000 的地形图，图上应标明勘察范围。

为配合施工图设计阶段进行的勘察，在勘察任务书中应说明需要勘察的各单体建筑物具体情况，如建筑物上部结构类型、特点、层数、高度、跨度及地下设施情况，地面平整标高，采取的基础形式、尺寸和埋深、单位荷重或总荷重以及有特殊要求的地基基础设计和施工方案等，并提供经上级部门批准附有坐标及地形的建筑总平面布置图或单幢建筑物平面布置图。如有挡土墙，还应在图中注明挡土墙位置、设计标高以及建筑物周围边坡开挖范围等资料。

4.2.3 勘察任务书编制流程

勘察任务书编制流程如图 4-1 所示。

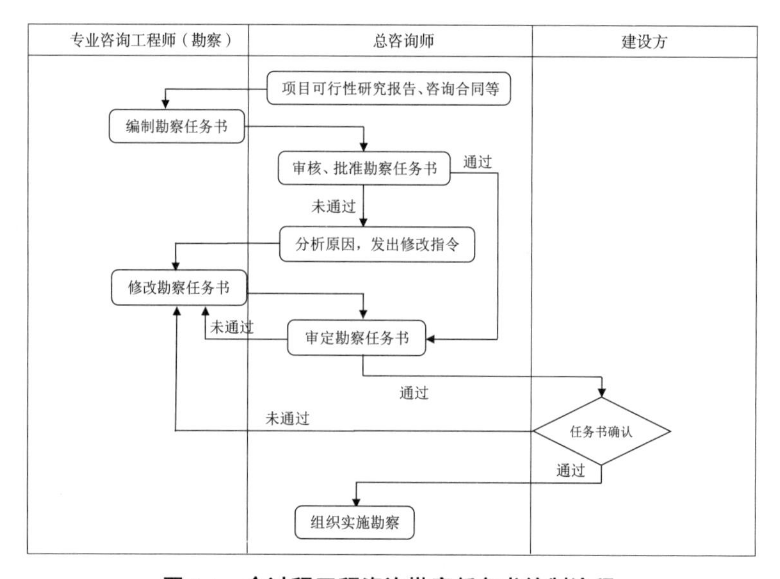

图 4-1　全过程工程咨询勘察任务书编制流程

4.2.4　勘察任务书编制注意事项

勘察任务书是工程项目进行投资决策和转入实施阶段的法定文件，要在可行性研究报告编写完成之后或方案确定后编制勘察任务书。

4.3　审查勘察报告

工程勘察报告是建筑地基基础设计和施工的重要依据，必须保证野外作业和实验资料的准确、可靠。工程勘察报告中文字报告和有关图表应按合理的程序编制。勘察报告的编制要重视现场编录、原位测试和实验资料的检查与校核，使之相互吻合、相互印证。

4.3.1　勘察报告审查依据

项目勘察阶段咨询服务的依据如下：

（1）经批准的项目建议书、可行性研究报告等文件。

（2）勘察任务书。

（3）《建设工程勘察设计管理条例》。

（4）《工程建设项目勘察设计招标投标办法》。

（5）《建设工程勘察设计资质管理规定》。

（6）《建设工程勘察质量管理办法》。

（7）《实施工程建设强制性标准监督规定》。

（8）《中华人民共和国建筑法》。

（9）《岩土工程勘察规范》GB 50021—2001。

（10）其他相关专业的工程勘察技术规范标准。

4.3.2　勘察报告审查内容

1. 勘察方案审查

勘察方案应由勘察单位编制，由全过程咨询专业咨询工程师（勘察）进行审查，勘察方案审查表详见附录 4-4　勘察审查记录表，审查主要包括以下内容：

（1）钻孔位置与数量、间距是否满足初步设计或施工图设计的要求。

（2）钻孔深度应根据上部荷载与地质情况（地基承载力）确定。

（3）钻孔类别比例的控制，主要是控制性钻孔的比例以及技术性钻孔的比例。

（4）勘探与取样包括采用的勘探技术、手段、方法，取样方法及措施等。

（5）原位测试主要包括标贯试验、重探试验、静力触探、波速测试、平板载荷试验等。在勘察方案中应明确此类测试的目的、方法、试验要求、试验数量。

（6）土工试验。土工试验项目应该满足建筑工程设计与施工所需要的参数，比如，为基坑支护提供参数的剪切试验、地基土强度验算时的三轴剪切试验、水质分析等。

（7）项目组织，包括机械设备、人员组织。

（8）方案的经济合理性。

通过对勘察方案的编制和审查，可以保证勘察成果满足设计需要，满足项目建设需要，为设计工作的开展提供真实的地勘资料。

2. 勘察作业实施管理

地勘单位应按规范精心开展勘察作业，包括野外作业，如工程地质测绘与调查、勘察与取样、原位测试、现场检验与监测等;室内试验，如土的物理性质、抗剪强度试验、岩石试验等。地勘单位实施勘察作业必须按《岩土工程勘察规范》GB 50021—2001 的规定进行，为保证勘察作业成果质量，全过程工程咨询项目机构应组织专业咨询工程师（勘察）对地勘单位的作业活动进行监督。

3. 勘察报告内容审查

勘察报告是勘察工作的成果性文件，需要充分利用相关工程地质资料，做到内容齐全、论据充足、重点突出。此外，勘察报告应正确评价建筑场地条件、地基岩土条件和特殊问题，为工程设计和施工提供合理化建议。全过程工程咨询项目机构要全面细致地做好工程勘察报告的审查，为设计和施工提供准确的依据。勘察报告审查详见附录 4-4　勘察审查记录表。

全过程工程咨询项目机构对勘察报告进行审查后，要将勘察报告报送当地建设行政主管部门认可的施工图审查单位，由施工图审查单位对勘察报告中涉及工程建设强制性标准的内容进行严格审查，并将审查意见及时反馈至地勘单位，地勘单位修改相应勘察报告后，取得审查合格证书。

4.3.3　勘察报告审查流程

全过程咨询勘察报告审查流程如图 4-2 所示。

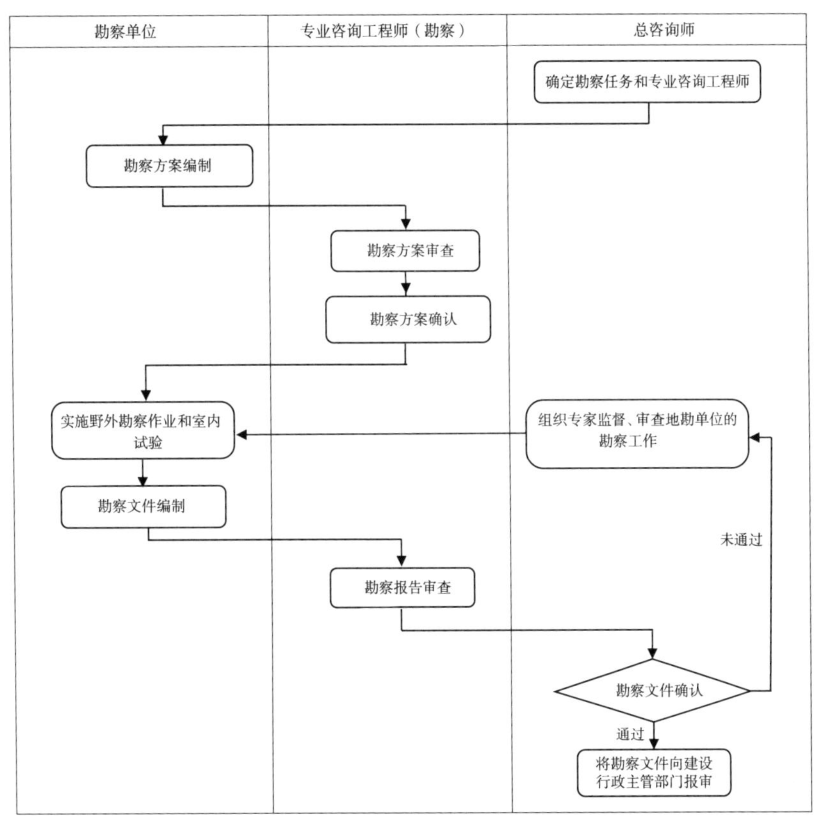

图 4-2　全过程工程咨询勘察报告审查流程

4.3.4　勘察报告审查要点

勘察报告审查表详见附录 4-4　勘察审查记录表，勘察报告审查应重点审查以下内容：

（1）勘察报告是否满足勘察任务书委托要求及合同约定。

（2）勘察报告是否满足勘察报告编制深度规定的要求。

（3）工程概述是否表述清晰，有无遗漏，是否包括工程项目地点、类型、规模、荷载、拟采用的基础形式等方面。

（4）勘察成果是否满足设计要求。

（5）场地工程地质条件是否完整，抗浮设计水位选取是否合理。

（6）饱和砂土、粉土的场地液化判别、岩土地震稳定性评价是否遗漏。

（7）地基基础的评价及建议是否合理，分析论述是否合理。

（8）是否进行基础方案比选，建议的地基基础方案是否合理。

（9）桩基础方案持力层选取是否合理，提供的参数、结论、建议是否存在安全隐患。

（10）是否包含沉降计算及沉降观测建议。

（11）检查勘察报告资料是否齐全，有无缺少实验资料、测量成果表、勘察工作量统计表和勘探点（钻孔）平面位置图、柱状图等。

4.3.5 注意事项

勘察报告的审查应注意以下几点：

（1）凡在国家建设工程设计资质分级标准规定范围内的建设工程项目，均应当委托勘察业务。

（2）开展勘察业务须具备相应的工程勘察资质证书，且与其证书规定的业务范围相符，全过程工程咨询项目机构如没有相应资质，应发包给具有相应资质的工程勘察单位实施。

（3）勘察方案必须经报审合格后再实施。

（4）勘察报告应满足勘察任务书和投资人的要求，须符合《建设工程勘察设计资质管理规定》（建设部令第160号），并且须满足项目设计文件编制需要。

4.4 收集项目原始资料

项目原始资料包括但不限于以下资料：

（1）国有土地使用证。

（2）土地征用合同。

（3）可行性研究报告。

（4）环境评估报告。

（5）项目立项文件。

（6）建设用地规划许可证及红线图（提交勘察和设计单位）。

（7）场地高程、周围市政道路高程。

（8）给水、雨水、污水、热力、燃气、电力、智能化等市政设备管线位置、埋深等各种参数。

（9）项目所在地建设行政主管部门对项目的要求。

4.5 编制设计任务书

4.5.1 设计任务书的编制依据

设计任务书的编制依据主要有以下几点：

（1）土地挂牌文件、选址意见书或土地合同。

（2）建设用地规划许可证。

（3）项目设计基础资料，包括用地红线图、市政管线位置、埋深、管径等参数。

（4）上阶段政府报建的批文（如项目建议书或可行性研究报告批复）。

（5）项目投资额。

（6）勘察报告。

（7）环境评估报告。

（8）交通影响评估报告。

（9）能源评估报告。

（10）物业管理设计要点。

4.5.2　设计任务书的内容

设计任务书一般由全过程工程咨询项目机构与建设单位充分沟通后编制，是建设单位对工程项目设计提出的要求，是工程设计的主要依据。

设计任务书可分为方案设计任务书、初步设计任务书、施工图设计任务书和专业设计任务书等。

根据建设方意图，设计任务书要对拟建项目的投资规模、工程内容、经济技术指标、质量要求、建设进度等作出明确规定。设计任务书的主要内容如下：

1. 项目建设概要

主要介绍项目背景、设计周期、建设地点、建设内容及规模、投资额度及资金筹措等。

2. 规划设计条件及周边基础条件

主要介绍项目规划设计条件，选址范围，用地性质和面积，气候条件，工程地质地貌，水资源条件，交通条件，市政管线位置、埋深、管径、压力等。

3. 项目功能空间的分析与分配

主要介绍项目功能定位、运营要求、主要功能面积分配、楼层数、建筑高度、建筑类别等。

4. 各专业设计要求

主要介绍结构形式、基础形式、采暖通风与空气调节方案、冷热源方案、供水方案、排水方案、供电方案、智能化设计方案等。

5. 造价控制要求

主要介绍项目总投资控制目标与限额设计。

4.5.3　设计任务书的编制程序

全过程工程咨询设计任务书编制流程如图 4-3 所示。

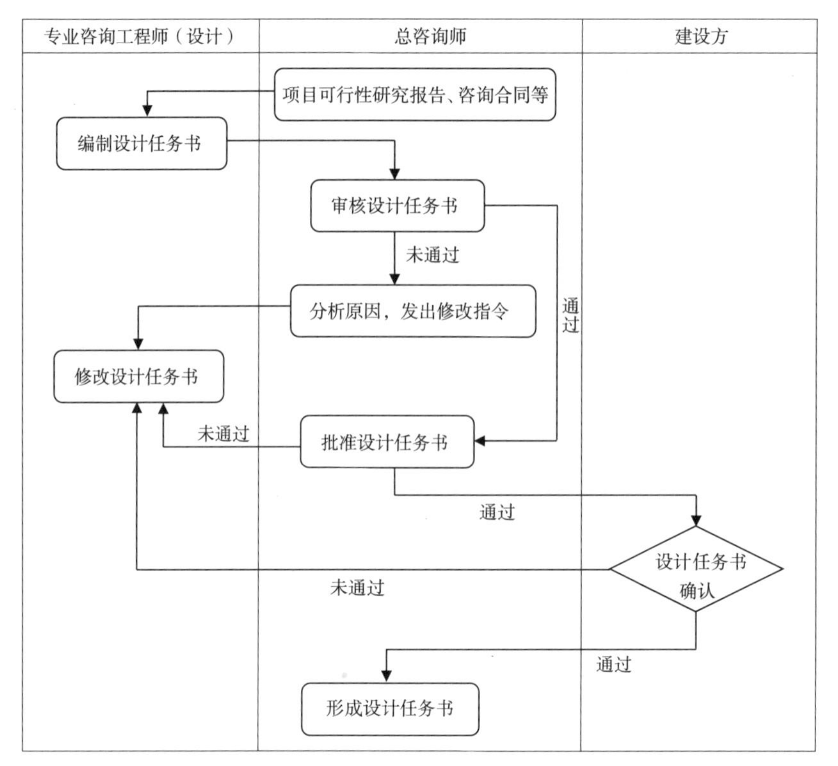

图 4-3　全过程工程咨询设计任务书编制流程

4.5.4　注意事项

设计任务书是设计的依据，同时也是建设单位的意图反映，因此，编制设计任务书时需要充分体现项目建设意义，力图达到明确表达设计意图、设计功能和设计要求的目的。设计任务书示例详见附录 4-5　全过程工程咨询设计任务书。

4.6　工程各阶段设计咨询过程监督、管理服务

4.6.1　设计阶段设计管理内容

工程设计阶段，设计管理内容主要有以下几点：

（1）按设计管理计划中的设计过程管理计划内容，对设计输入、设计实施、设计输出、设计评审、设计验证、设计更改等设计重要过程的要求及方法予以明确。

（2）在项目总体构思和项目总体定位的基础上，充分研究分析已批准的项目前期文件和业主建设目标及意图，并以其为依据，策划和编制设计要求文件、设计招标书、设计竞标文件等。

（3）根据项目设计特点，策划项目设计质量、投资、进度目标，编制其控制计划及其实施措施，拟定控制要点等。

（4）参与和设计相关的科研、勘察、外部协作、评价论证及谈判等管理工作。

（5）确定建设项目设计委托方式。

（6）组织设计方案招标或竞赛（征集），实施设计方案评选，协助确定中选方案并送建设方批准，落实设计方案修改优化。

（7）组织初步设计及施工图设计招标、签订设计合同，实施设计合同管理。

（8）向设计单位提交设计各阶段所需的依据性文件、政府批文、工程设计基础或外部协作单位的供应协议、技术条件、工程数据等。

（9）设计过程的跟踪控制。在设计合同中或单独形成对设计单位的“设计管理配合要求”，在初步设计及施工图设计进行过程中，组织专业咨询工程师前往设计单位，及时对设计人员资格、专业配合、设计活动、设计输出文件（必要时，包括计算书）等进行跟踪检查。

（10）实施设计过程设计质量控制。对设计进行有效的质量跟踪，及时发现不符合质量要求的设计质量缺陷，审核各阶段设计文件，保证设计成果质量，实现设计质量控制目标。

（11）控制设计进度，包括各设计阶段以及各专项设计的进度管理，要求设计单位根据项目工期要求，提供详细施工图设计进度计划表。施工图设计进度计划表中需给全过程工程咨询项目机构预留 1 ~ 3 天图纸审核时间，设计单位根据图纸审核报告，预留 1 ~ 2 天修改确认时间。施工图设计进度计划表由专业咨询工程师审核、总咨询师确认、建设单位同意后执行。施工图设计进度计划表必须满足工程项目报建、招标、采购和施工进度的要求。

（12）做好设计过程的接口管理，包括各设计专业、各专项设计的技术协调；设计前期总体设计与后期专业深化设计的协调配合；设计计划与采购、施工等的有序衔接及其接口关系的处理工作。

（13）对参与设计的设计单位进行配合、沟通、协调、管理，包括中外设计机构相关设计单位的协作关系。

（14）根据满足功能要求、经济合理的原则，向各设计专业提供所掌握的主要设备、材料的有关信息，并参与选型工作；审核主要设备及材料清单，对设计采用的设备、材料提出反馈意见。

（15）负责外部环保、人防、消防、地震、节能、卫生以及供水、供电、供气、供热、通信等有关部门间的协调工作；配合设计单位按设计进度完成项目专项设计和设施配套。

4.6.2　施工阶段设计管理内容

施工阶段，设计管理的主要内容如下：

（1）参与施工、监理和设备材料采购招标投标及相关合同策划与签订工作。

（2）参与对施工单位施工组织设计的审查，对实现设计意图的主要施工技术方案、质量、进度及费用保证措施进行必要的论证。

（3）准确、齐全地向施工单位、监理单位等有关单位提供施工图设计文件和有关工程施工的资料。

（4）应对施工图纸进行审核，出具图纸审核意见，详见附录4-6　图纸审核意见。并组织设计、监理、施工单位进行施工图设计会审和设计交底。

（5）协同施工管理部门做好施工过程中的相关设计接口工作，处理设计与施工质量、进度、费用之间的接口关系。

（6）参与现场质量控制工作，参与工程重点部位及主要设备安装的质量监督等。

（7）督促设计单位配合施工，协同设计单位，参加施工中主要技术问题的设计校核与处理等。

（8）进行有关设计的施工质量跟踪检查，发现偏差时，及时与设计、施工和监理等单位沟通，处理并解决现场问题。

（9）参与或协助材料设备等货物采购工作，协同采购部门做好采购过程中的设计接口工作。

（10）严格控制工程变更，及时处理设计变更，下发设计变更任务书（包括设备、材料的变更），设计变更任务书由建设方提出具体要求，由专业咨询工程师编写，由总咨询师审核，建设方同意后下发，详见附录4-7　设计更改任务书。

（11）参与有关施工过程中的投资控制工作，协助合理确定工程结算价款，控制工程款支付的条件以及索赔等。

（12）参与处理工程质量事故，包括事故分析，提出处理的技术措施，或对处理措施组织技术鉴定等。

（13）参与重要隐蔽工程、单位、单项工程的中间验收，整理工程技术档案等。协同有关部门做好项目竣工收尾准备的相关管理工作。

（14）明确与政府相关管理部门、施工、采购和市政配套单位之间在工作方面的关系，全面及时地做好设计沟通协调工作。

4.6.3　收尾阶段设计管理内容

收尾阶段，设计管理的主要内容如下：

（1）协助施工单位制定项目竣工计划，提供必要的计划目标实施支持，参与检查项目竣工计划，按有关规定提供必要支持，协助创造项目竣工计划实施条件。

（2）协同施工单位、设计单位，参与项目竣工资料的整理工作，按照项目竣工资

料的整理规定，保证竣工资料真实、完整、准确、系统和规范，符合归档备案的管理要求。

（3）根据国家对编制竣工图的基本要求和分工规定，对设计单位重新绘制、施工单位修改补充、建设单位自行绘制的竣工图实施分别管理，参加对竣工图的编制、整理、审核、交接、验收活动。

（4）参加竣工验收申请报告和项目竣工验收条件（包括项目竣工实体收尾、竣工资料的整理）的检查核实工作；实地查验工程质量，检查已完工程是否符合设计要求。督促设计单位提供竣工验收技术支持和服务。

（5）识别整理竣工验收的依据资料，督促设计单位提供竣工验收技术支持和服务。

（6）参加各阶段各项竣工验收的组织、审阅竣工资料、评价验收、项目移交和竣工验收备案等工作。

（7）参与项目竣工结算、竣工决算、保修的投资控制，包括竣工结算报告审核确认、项目竣工决算编制与送审报批、投资控制评价总结、工程质量保修费用处理等工作。

（8）按国家现行标准规定，参与完成项目竣工验收文件资料的整改、整理、交接、归档等工作。

（9）工程竣工验收合格后，参与项目竣工验收报告的编制和附件整理工作。

（10）参与检查生产性项目试运行前的准备工作，按设计文件及相关标准检查已完成项目范围内的生产系统、配套系统和辅助系统的施工安装及调试工作。督促设计单位提供运行过程中的技术支持和服务，处理出现的有关设计问题。

（11）参与项目考核评价中的制定考核评价办法、确定考核评价方案、实施考核提出考核评价报告工作，编制项目设计管理工作总结。

（12）回访设计单位，请设计单位对设计进行总结，设计回访和后评价，提出供业主改善建设项目使用的建议与意见。

4.7　审查工程各阶段设计成果

4.7.1　方案文件审查

项目方案设计阶段是设计实质性的开始阶段。建筑设计方案应满足建设单位的需求和编制初步设计文件的需要，同时需向当地规划部门报审。

1. 方案文件审查和优化的主要内容

在方案设计阶段，全过程工程咨询项目机构应组织专家对方案设计进行审查和优化，以确定此方案设计是否切实满足建设单位的要求，审查和优化内容主要有以下几点：

（1）是否响应招标要求，是否符合国家规范、标准、技术规程等要求。

（2）是否符合美观、实用及便于实施的原则。

（3）总平面的布置是否合理。

（4）景观设计是否合理。

（5）平面、立面、剖面设计情况。

（6）结构设计是否合理，是否可实施。

（7）给水排水、暖通、电气方案是否合理。

（8）新材料、新技术的运用。

（9）设计指标复核。

（10）设计成果提交的承诺。

方案设计完成后，全过程工程咨询项目机构应组织行业专家，针对方案的不足，结合拟建项目情况，对方案提出修改建议，并要求方案设计单位根据专家建议进行方案修改。在规定的时间内督促设计单位提交最优方案，直到满足建设单位要求。

2. 方案报审设计单位的准备工作

全过程工程咨询项目机构应协助建设方将内部审查并调整完毕的方案向当地规划部门报审。在方案报审的过程中，全过程咨询单位协助方案设计单位做好方案报审的准备工作，尽量确保方案评审顺利通过。方案设计单位的准备工作主要包括以下内容：

（1）报审前复查设计方案图纸，检查是否符合规范要求，图纸是否具有（设计）图签、出图章、设计资质证书编号及各专业设计人员的签名。

（2）检查报审的图纸文件是否齐全，不全的应要求设计单位补送有关图纸、文件，审批时间从补齐之日算起。

（3）在取得《建筑工程设计方案审核意见单》后，立即协助建设单位申请《建筑工程规划许可证》，为后期工作做好准备。

（4）若设计方案经审核需做较大修改，全过程工程咨询项目机构应再次及时组织方案设计单位进行修改，然后再次送审设计文件。

完成建筑方案的报批审查后，方可进入初步设计阶段。

3. 方案设计审查流程

方案设计审查流程如图 4-4 所示。

4. 注意事项

（1）方案设计要以满足最终建设单位的需求为重点，结合使用需求对建筑的整体方案进行设计、评选和优选。

（2）全过程工程咨询项目机构需要对方案设计组织专家进行优化，在功能、投资等方面提出合理化建议。

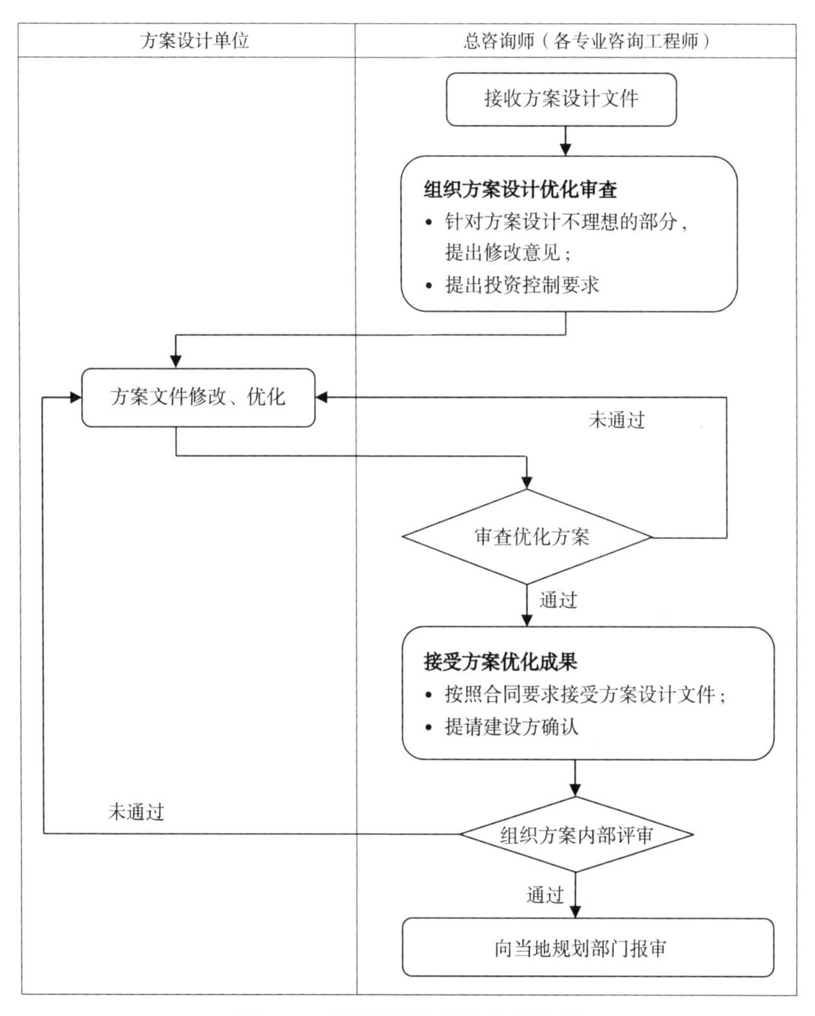

图 4-4　全过程咨询方案审查流程

4.7.2　初步设计审查

方案设计通过建设单位及相关部门的审批以后，就可以开展初步设计。初步设计文件应满足《建筑工程设计文件编制深度的规定（2016 版）》的规定，并提供相应的设计概算，以便建设单位有效控制投资。

1. 初步设计文件编审

在项目初步设计阶段，初步设计单位编制和交付的主要设计成果文件，在设计内容上应符合已评审通过的方案设计内容，建设单位能据此确定土地征用范围、准备主要设备及材料，能据此进行施工图设计和施工准备，并作为审批确定项目投资的依据。初步设计内容和成果文件具体内容详见《建筑工程设计文件编制深度规定（2016 版）》，对于涉及建筑节能、环保、绿色建筑、人防、装配式建筑、海绵城市等设计文件，其设计说明应有相应的专项内容。

当初步设计文件编制完成后，全过程工程咨询项目机构需组织各专业咨询工程师认真审查图纸、文本及概算，重点审查选材是否经济，做法是否合理，节点是否详细，图纸有无错、缺、漏等问题。全过程工程咨询初步设计文件审查流程见图 4-5，在认真审阅图纸后，书面整理专家审查意见，与建设单位和专业咨询工程师（设计）约定时间，共同讨论交换意见，达成共识后，要求初步设计单位修改初步设计文件。

全过程工程咨询项目机构对初步设计文件审查合格后，需按当地建设行政主管部门的规定，将初步设计文件报送相关部门审查。

2. 初步设计文件审查的主要内容

全过程工程咨询项目机构进行的初步设计文件审查应当包括下列主要内容：

（1）是否按照方案设计的审查意见进行了修改。

（2）是否达到初步设计的深度，是否满足编制施工图设计文件的需要，是否满足消防规范的要求。

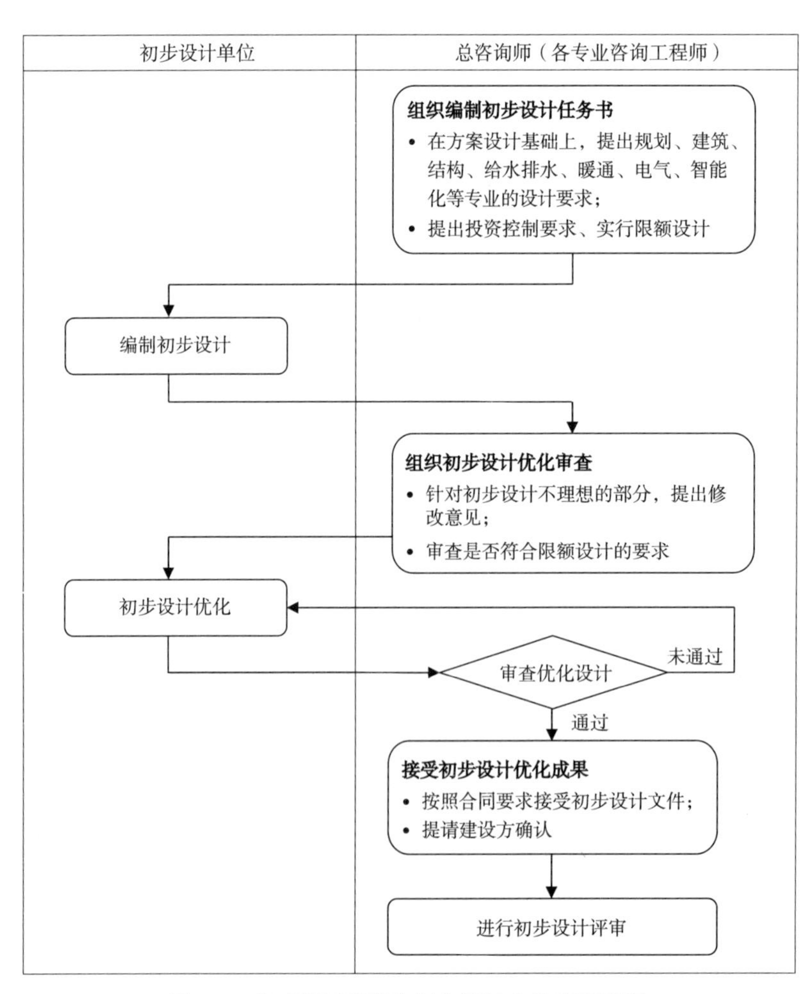

图 4-5　全过程工程咨询初步设计文件审查流程

3. 各专业初步设计审查要点

（1）规划专业。

①设计说明：

a. 设计内容是否符合立项批复要求，主要规划技术经济指标是否满足规划主管部门批复要求，工程概况是否与设计相符；

b. 消防、绿建、海绵城市等内容是否在文本中体现；

c. 设计说明中是否有土方平衡相关内容。

②设计图纸：

a. 总平面图应包括区域位置图、总平面图、交通组织图、竖向、绿化、场地标高等，总平面图各项指标、退线等是否满足规划部门批复要求；

b. 消防登高面、消防扑救场地等是否在总平面图中标识，消防车道设计是否满足要求，道路标高、各单体正负零标高设置是否合适，出入口处道路标高与市政道路标高衔接是否合适。

（2）建筑专业。

①设计说明：

a. 设计内容是否符合立项批复要求，主要规划技术经济指标是否满足规划主管部门批复要求，人防等其他主管部门批复中的原则问题是否在设计中体现，工程概况是否与设计相符；

b. 建筑物类别、建筑耐火等级、设计使用年限、抗震设防烈度、建筑防水等级等内容是否明确；

c. 设计说明内容是否与图纸一致；

d. 绿色建筑设计目标是否明确，拟采取的措施是否合理可行并满足规范要求；

e. 是否概述专项设计的技术要点；

f. 建筑特征表是否明确；

g. 电梯自动扶梯列表是否明确；

h. 建筑内外构造做法表是否明确，装修做法是否明确；

i. 建筑功能面积分配表是否明确；

j. 其他需要建筑设计说明明确的内容。

②设计图纸：

a. 总平面图应包括区域位置图、总平面图、交通组织图、竖向、绿化、场地标高等，总平面图各项指标、退线等是否满足规划部门批复要求；

b. 平面图：平面图是否齐全，是否有防火分区示意图，平面布置功能是否明确，交通组织是否合理，楼梯、电梯、扶梯等设施是否满足规范要求，辅助用房是否合理，卫生间数量是否满足规范要求，各专业设备用房及管井是否满足设备安装要求；

c. 对于立面图和剖面图，楼层净高尺寸是否满足要求、楼层剖面关系是否合理、建筑物立面高度是否满足规划部门的规定；

d. 消防车道、消防登高救援场地、建筑间距、防火分区、安全疏散、疏散距离、疏散宽度及防火构造等是否满足消防设计规范和消防主管部门的要求；

e. 无障碍卫生间、无障碍车位、无障碍通道等无障碍设计是否满足规范要求；

f. 是否有建筑节能初步计算书；

g. 是否满足《建筑工程设计文件编制深度规定（2016 版）》的深度要求。

（3）结构专业。

①结构设计审查要点。

结构专业初步设计的审查要点主要包括以下几点：

a. 结构设计依据是否合理，是否存在过期规范及标准；

b. 结构设计使用年限、抗震设防烈度、设防类别、抗震等级是否正确；

c. 结构体系是否合理，评估是否属于抗震超限结构；

d. 结构方案是否合理，竖向构件布置、梁布置是否合理，楼盖形式选择是否合理；

e. 地基基础设计等级、基础形式及埋深是否合理，地基处理方式是否合理（如深基坑，是否降水，采用何种护坡方式等），结合施工工期及技术难度，评估基础形式的可行性及经济性；

f. 结构缝设置是否合理；

g. 是否存在结构相对薄弱部位与构件，评估是否采取抗震加强措施；

h. 设计荷载选取是否符合《建筑结构荷载规范》GB 50009—2012 及其他工程建设标准的规定，若无具体规定，是否有充分依据；

i. 结构计算分析是否合理，复杂结构需采用不少于两个不同力学模型的分析软件进行整体计算。

②初设图纸审查要点。

初设图纸审查要点主要包括以下几点：

a. 基础平面图是否包含主要基础构件的截面尺寸；

b. 楼层结构平面布置图是否注明主要的定位尺寸、主要构件的截面尺寸；

c. 结构平面图不能表示清楚的结构或构件，是否补充立面图、剖面图、轴测图等表示方法；

d. 梁高、板厚是否满足净高要求；

e. 是否有结构主要节点或关键性节点、支座示意图；

f. 伸缩缝、沉降缝、防震缝、施工后浇带是否在相应平面图中表示，设置位置及

宽度是否合理；

g. 与概算相关的重要结构构件是否有遗漏，如钢结构雨篷、屋顶钢架等；

h. 主要结构材料及构件断面的选取是否合理，是否与初设文本一致；

i. 采用的新技术、新材料是否安全可靠；

j. 初步设计图纸是否齐全标准，是否满足编制概算的深度要求。

（4）电气专业。

电气专业初步设计的审查要点主要包括以下几点：

①初步设计文件是否齐全（应包括设计说明书、设计图纸、主要设备表、计算书）。

②设计范围是否明确，设计内容是否符合招标文件和建设单位的设计要求，是否存在缺项、漏项。

③是否设置变、配、发电系统，若设置，其系统设计是否满足国家法律法规及现行标准、规范，是否满足当地的电力政策和设计要求。

④用电设备负荷分级是否合理，供电电源是否满足设计要求。

⑤供配电系统设计及电器和导体的选择是否安全、可靠、技术先进、经济合理、安装运维方便。

⑥电气消防系统设计是否功能完善、安全可靠、经济合理，消防应急照明和疏散指示系统类型、灯具选型、照度标准及蓄电池电源持续供电时间是否满足要求。

⑦电气节能和环保产品选用情况。

⑧绿色建筑电气设计概况和设计内容。

⑨主要电气设备选型是否与招标文件相符合，主要设备材料档次、价格是否与项目相匹配，是否满足建设方要求。

⑩系统概算指标是否合理。

（5）智能化专业。

智能化专业初步设计的审查要点主要包括以下几点：

①初步设计文件是否齐全（应包括设计说明书、设计图纸、主要设备表）。

②设计范围是否明确，设计内容是否符合招标文件和建设单位的设计要求，是否存在缺项、漏项。

③智能化各子系统设计是否与建筑功能相适应，是否具有可扩展性，是否经济合理等。

④主要设备参数、选型是否与招标文件相符合。

⑤系统概算指标是否合理。

（6）给水排水专业。

给水排水专业初步设计的审查要点主要包括以下几点：

①各系统设置是否满足现行规范及节能设计要求，是否经济合理。

②消防水池的设计、位置及容积要求是否满足规范要求。

③消防水泵的选型是否满足规范要求和最不利点水压要求。

④消火栓的布置是否满足规范要求。

⑤自喷系统中喷头选型、报警阀的设置及末端试水装置是否满足规范要求。

⑥消防系统中减压设施是否满足规范要求。

⑦灭火器配置的火灾类别、危险等级及保护距离是否满足规范要求。

⑧给水系统竖向分区是否合理。

⑨生活贮水箱的容积及消毒设施是否满足规范要求。

⑩生活加压供水设备的选型是否经济合理。

⑪给水管管径是否满足规范要求。

⑫给水系统中减压设施是否满足使用及节能设计要求。

⑬排水管的走向及布置是否满足规范及美观要求。

⑭管材及器具选择是否符合规范及建设单位要求。

⑮主要设备材料档次、价格是否与项目相匹配，是否满足建设方要求。

⑯系统概算指标是否合理。

（7）暖通专业。

①文本部分。

暖通专业初步设计文本部分的审查要点主要包括以下几点：

a. 是否包括工程建设地点、规模、使用功能、建筑面积、层数、建筑高度、建筑防火类别、供暖总面积、空调总面积等情况；

b. 设计范围（设置的系统及其承担的区域）是否明确；

c. 设计计算参数（室外和室内）选取是否正确；

d. 供暖热负荷、空调冷热负荷、耗冷量、耗热量指标是否合理；

e. 供暖热源、空调冷热源及其参数，热水、冷水、冷却水参数是否正确；

f. 供暖系统型式、工作压力及管道敷设方式、室外管线及系统补水定压方式是否合理；

g. 供暖热计量及室温控制、系统平衡及调节手段是否合理；

h. 供暖末端设备（散热器等）选型是否合理；

i. 各空调区域的空调方式、空调风系统设置、气流组织设计是否合理，其说明是否完整；

j. 空调水系统设备配置型式、水系统制式及系统平衡调节手段是否合理；

k. 设置通风的区域、通风系统、换气次数及通风系统设备选择是否合理；

l. 防排烟的区域及其方式是否合理并符合规范要求；

m. 防烟措施（机械防烟系统、自然通风面积）是否合理并符合规范要求；

n. 排烟措施（机械排烟系统、自然排烟面积）是否合理并符合规范要求；

o. 防火措施（防火阀的设置、风管及保温材料要求等）是否合理并符合规范要求；

p. 空调通风系统的防火措施；

q. 监测与控制措施是否合理；

r. 供暖、空调、通风系统管道材料及保温材料的选择是否合理。

②节能部分。

暖通专业初步设计节能措施审查要点主要包括以下几点：

a. 节能产品的选用是否合理，是否符合国家相关法规、规范标准及相关主管部门的规定。

b. 空调冷热水系统的输送能效比（ECR、EHR）、空调系统的综合制冷性能系数（SCOP）是否满足要求。

c. 风系统单位风量耗功率是否满足要求。

d. 空调风、水管保温层热阻是否满足要求。

e. 其他节能技术设计是否合理并符合规范要求。

f. 自控系统、冷热计量系统是否满足要求。

g. 绿色建筑设计所采用的技术是否满足绿色建筑设计目标的要求。

h. 是否概述装配式建筑空调通风设计技术要点。

i. 设计图纸（图例、系统流程图、主要平面图）是否完整。

j. 图例是否规范、明晰。

k. 系统流程图是否包括冷（热）源系统图、供暖系统图、空调风系统图、空调水系统图、防排烟系统图及通风系统图。

l. 平面图是否绘制散热器等末端设备位置，供暖干管入口走向及系统编号；是否绘制通风、空调、防排烟设备位置，风管走向及主要水管立管位置，风口位置。大型复杂工程是否标注主要干管控制标高和管径，管道交叉且复杂处是否绘制局部剖面图；是否有主要机房平面布置图，是否绘制冷（热）源机房主要设备位置、管道走向，是否标注设备名称或设备编号。

m. 主要设备表是否包括主要设备的名称、性能参数、数量，并应标注用能设备的能源效率或能效等级等指标，主要设备材料档次、价格是否与项目相匹配，是否满足建设方要求。

n. 计算书是否包括空调与供暖系统冷（热）负荷，通风和空调风系统风量，水系统水量，通风及防排烟系统风量，主要设备选择的初步计算。

4.7.3 施工图审查

施工图设计阶段主要是通过图纸把设计者的意图和全部设计结果表达出来，主要以图纸的形式提交设计文件成果，使整个设计方案得以实施。施工图设计，一是用于指导施工，二是作为工程预算编制的依据。施工图设计应满足国家《建筑工程设计文件编制深度规定（2016 版）》的要求。

1. 施工图审查的依据

施工图审查的依据主要有以下几点：

（1）国家政策、法规及设计规范。

（2）设计任务书或协议书。

（3）批准的初步设计。

（4）详细的勘察资料。

（5）关于初步设计审查意见。

（6）关于初步设计建设项目所在地建设行政主管部门的批复意见。

（7）《实施工程建设强制性标准监督规定》（建设部令第 81 号）。

（8）其他有关资料。

2. 施工图的审查要点

施工图设计审查分为全过程工程咨询项目机构自行组织的技术性及符合性审查，以及建设行政主管部门认定的施工图审查机构实施的工程建设强制性标准及其他规定内容的审查，完成审查后的施工图文件应按建设行政主管部门要求进行备案。

在施工图出图后且送建设行政主管部门认可的蓝图审查机构审查前，全过程工程咨询项目机构应组织建设单位、专业咨询工程师等对施工图的设计内容进行内部审查，如专业咨询工程师（造价）应指出工程量清单编制过程中发现的技术问题，或从造价控制的角度提出意见或建议;而专业咨询工程师（监理）应结合施工现场（比如技术的可靠性、施工的便利性、施工的安全性等方面）提出意见或建议；全过程工程咨询项目机构应从施工图是否满足建设单位需求，是否符合使用人的使用要求等方面进行审查。

全过程工程咨询项目机构对审查意见进行汇总，并召开专题会议共同讨论，由施工图设计单位对施工图进行修改、完善，最后形成正式的施工图。

施工图设计文件应正确、完整和详尽，并确定具体的定位和结构尺寸、构造措施、材料、质量标准、技术细节等，还应满足设备、材料的采购需求，满足各种非标准设备的制作需求，满足招标及指导施工的需要。

3. 施工图设计审查的主要内容

全过程工程咨询项目机构对施工图设计审查的主要内容包括：

（1）建筑专业。

建筑专业施工图设计审查的主要内容包括以下几点：

①设计依据是否执行现行规范及上位批复的相关文件。

②设计范围是否满足上位批复的相关文件。

③建造标准是否满足上位批复的相关文件。

④设计范围、建造标准是否满足业主的实际需求。

⑤设计深度是否满足《建筑工程设计文件编制深度规定（2016 版）》的要求。

⑥对于涉及建筑节能设计、装配式建筑、绿色建筑设计、海绵城市设计的内容，其设计说明及图纸应有相应的专项设计内容。

⑦建筑面积是否符合政府主管部门批准意见和设计任务书的要求，特别是计入容积率的面积是否核算准确。

⑧建筑装饰用料标准是否合理、先进、经济、美观，特别是外立面是否体现了初步设计及方案设计的特色。

⑨总平面设计是否充分考虑了交通组织、园林景观，竖向设计是否合理。

⑩立面图、剖面图、详图是否表达清楚。

⑪门窗表是否能与平面图对应，其统计数量有无差错，分隔形式是否合理。

⑫消防设计是否符合消防规范，包括防火分区是否超过规定面积，防火分隔是否达到耐火时限，消防疏散通道是否具有足够宽度和数量，消防电梯设置是否符合要求，消防登高面及消防扑救场地是否满足规范要求。

⑬地下室防水、屋面防水、外墙防渗水、卫生间防水、门窗防水等重要位置渗漏的处理是否合理。

⑭人防工程的配建是否满足批文要求及初步设计要求。

（2）结构专业。

结构专业施工图设计审查的主要内容包括以下几点：

①是否违反现行工程建设的强制性条文。

②结构设计总说明的内容是否准确全面，结构构造要求是否交代清楚。

③基础设计是否符合初步设计确定的技术方案。

④地基基础设计等级、基础埋置深度、地基承载力计算、地基稳定性验算是否合理。

⑤主体结构中的结构布置选型是否符合初步设计及其审查意见，楼层结构平面梁、板、墙、柱的标注是否全面，配筋是否合理。

⑥结构设计是否满足施工要求。

⑦基坑开挖及基坑围护方案的推荐是否合理。

⑧钢筋含量、节点处理等问题是否合理。

⑨土建与各专业的矛盾问题是否解决。

⑩计算模型是否进行必要的简化计算和处理，是否符合结构的实际工作情况和现行的工程建设标准。

⑪计算结果是否满足规范要求，能否进行工程设计。

⑫计算书内容是否完整，是否经过校审。

（3）给水排水专业。

给水排水专业施工图设计审查的主要内容包括以下几点：

①设计施工说明中是否有绿色建筑设计、海绵城市设计等专篇。

②平面图纸与建筑、结构专业是否一致。

③各系统设置是否满足现行规范及节能设计要求，是否经济合理。

④消防水池的设计、位置及容积是否满足规范要求。

⑤消防水泵的选型是否满足规范要求和最不利点水压要求。

⑥消火栓的布置是否满足规范要求且不影响疏散，是否符合美观要求。

⑦自喷系统中喷头选型、报警阀的设置及末端试水装置是否满足规范要求。

⑧消防系统中减压设施是否满足规范要求。

⑨灭火器配置的火灾类别、危险等级及保护距离是否满足规范要求。

⑩消防系统的控制要求、管材选择是否满足规范要求。

⑪给水系统竖向分区是否合理。

⑫生活贮水箱的容积及消毒设施是否满足规范要求。

⑬生活加压供水设备的选型是否经济合理。

⑭给水管管道走向是否满足规范及美观需求。

⑮给水管管径是否满足规范要求。

⑯给水系统中减压设施是否满足使用及节能设计要求。

⑰排水管的走向及布置是否满足规范及美观要求。

⑱其他专业需配合设置的给水排水点位是否遗漏。

⑲管材及器具选择是否符合规范及建设单位要求。

⑳设备、管线安装位置设计是否合理、美观且与土建图纸不相矛盾。

㉑土建留洞和套管预留是否和其他设备专业冲突。

㉒管线交叉复杂位置的布置是否满足净高要求。

㉓各管道系统的阀门、附件设置是否合理。

㉔平面布置和系统图是否一致。

（4）暖通动力专业。

①设计说明。

暖通动力专业施工图设计说明的审查内容参见本书 4.7.2。

②防排烟系统的设计。

暖通动力专业防排烟系统的设计审查要点参见本书 4.7.2。

③节能措施。

暖通动力专业节能措施施工图审查要点参见本书 4.7.2。

④设计图纸（图例、系统流程图、主要平面图）。

设计图纸审查要点主要包括以下几点：

a. 图例是否规范、明晰。

b. 系统流程图是否包括冷（热）源系统图、供暖系统图、空调风系统图、空调水系统图、防排烟系统图及通风系统图。

c. 平面图是否绘制散热器等末端设备位置、供暖干管入口走向及系统编号；是否绘制通风、空调、防排烟设备位置，风管走向及主要水管立管位置，风口位置。大型复杂工程是否标注主要干管控制标高和管径，管道交叉复杂处是否绘制局部剖面图；是否有主要机房平面布置图，是否绘制冷（热）源机房主要设备位置、管道走向，是否标注设备名称或设备编号。

d. 主要设备表是否包括主要设备的名称、性能参数、数量，并应标注用能设备的能源效率或能效等级等指标。

⑤计算书。

是否包括空调与供暖系统冷（热）负荷，通风和空调风系统风量、水系统水量，通风及消防防排烟系统风量，主要设备选择的计算。

（5）电气专业。

电气专业施工图审查要点主要包括以下几点：

①设计文件是否齐全，是否存在缺项、漏项。

②设计范围是否明确，设计内容是否符合招标文件和建设单位的设计任务书或设计要求，是否与审批定案的初步设计文件相一致。

③是否设置变、配、发电系统，若设置，其系统设计是否满足国家法律法规及现行标准、规范，是否满足供电协议或当地的电力政策和设计要求。

④用电设备负荷分级是否合理，供电电源是否满足设计要求。

⑤供配电系统设计及电器和导体的选择是否安全、可靠、技术先进、经济合理、安装运维方便。

⑥用电设备电能计量是否满足电力部门要求和建设单位内部考核及后期运维需求。

⑦照明设计是否满足设计标准，灯具选型是否与建筑内装、周围环境相一致，配电和控制回路设计是否合理。

⑧电气消防系统设计是否功能完善、安全可靠、经济合理；消防应急照明和疏散指示系统类型、灯具选型、照度标准及蓄电池电源持续供电时间是否满足要求。

⑨电气节能和环保产品选用是否满足节能标准和要求。

⑩绿色建筑电气设计概况和设计内容是否与绿色建筑星级标准相一致。

⑪主要电气设备选型是否与招标文件相符合。

（6）智能化专业。

智能化专业施工图审查要点主要包括以下几点：

①图纸是否完善，应包含设计说明、主要设备材料表、各子系统图、机房布置图、弱电间布置图、复杂设备安装大样图、点表、平面图。

②图纸是否有违反强制性条例的内容，尤其是和消防、安全相关的内容。

③机房、弱电间位置、面积、布置是否合理。

④系统架构是否合理，各子项是否统一。

⑤线缆路由、敷设方式等不能明显不合理。

⑥计算机网络要说明网络架构、网络互联、网络安全等要求。

⑦安防工程要说明系统架构、图像显示、存储时间、供电形式、系统联动及上级联动等。

⑧公共广播兼备应急广播功能时，要注意核对消防相关要求是否满足。

⑨建筑设备管理系统控制内容是否满足各设备专业对控制工艺的要求。

⑩机房工程要有对其他专业的设计要求。

⑪场区工程各单体进线位置、线缆类型、数量应与对应子项一致，埋管类型、数量应有冗余，通信路由、人手孔设置要合理。

⑫其他系统按相应要求灵活把握。

完成内部审查后，应及时送至相关的施工图审查机构审查，并取得施工图审查合格证。

4. 施工图设计的主要审查内容

施工图审查机构对施工图设计的审查内容主要包括：

（1）是否符合工程建设强制性标准。

（2）地基基础和主体结构的安全性。

（3）是否符合民用建筑节能强制性标准，对于执行绿色建筑标准的项目，还应当审查是否符合绿色建筑标准。

（4）勘察设计企业和注册执业人员以及相关人员是否按规定在施工图上加盖相应的执业资格章和签字。

（5）法律、法规、规章规定必须审查的其他内容。

5. 施工图审查程序

全过程工程咨询项目机构对施工图的审查流程如图 4-6 所示。

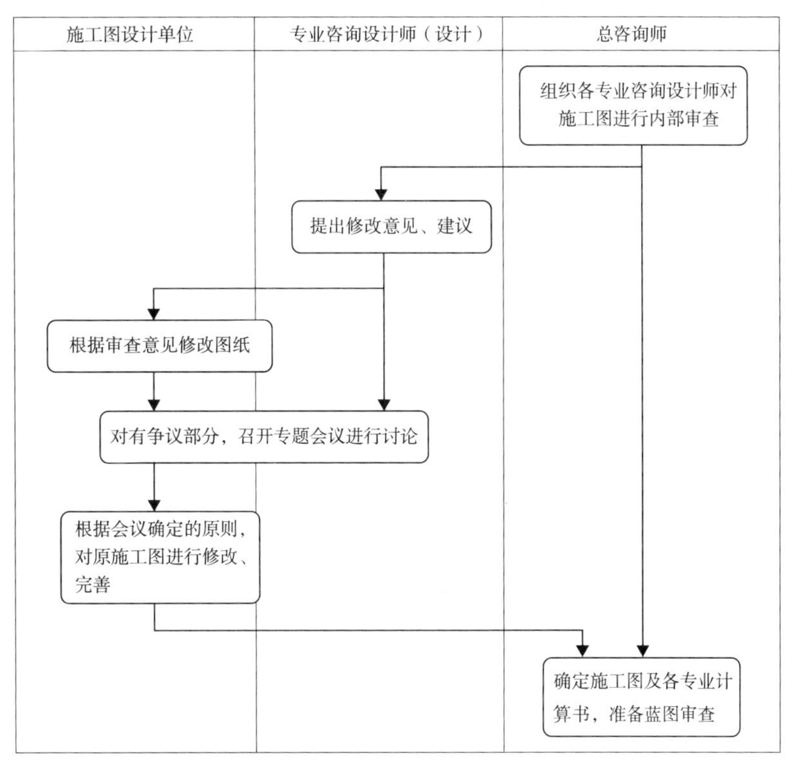

图 4-6　全过程工程咨询施工图审查流程

建设行政主管部门认定的施工图审查机构对施工图的审图流程如图 4-7 所示。

6. 注意事项

（1）施工图审查机构一定要具备相应资质，超限高层建筑工程的施工图设计文件审查，应当由经国务院建设行政主管部门认定的具有超限高层建筑工程审查资格的施工图设计文件审查机构承担。

（2）未经超限高层建筑工程抗震设防专项审查，建设行政主管部门和其他有关部门不得对超限高层建筑工程施工图设计文件进行审查。

（3）工程勘察文件经审查合格后，设计单位方可采用，原则上，同一项目的工程勘察文件与施工图设计文件应委托同一审查机构审查。

（4）全过程工程咨询项目机构对施工图设计进行审查时，要注意施工图设计是否按照设计合同的规定提供足够套数的施工图，是否所有的施工图都加盖了注册工程师对应的出图章，设计人、校对人、专业负责人、设计总负责人的签字是否齐全并且有专业会签。

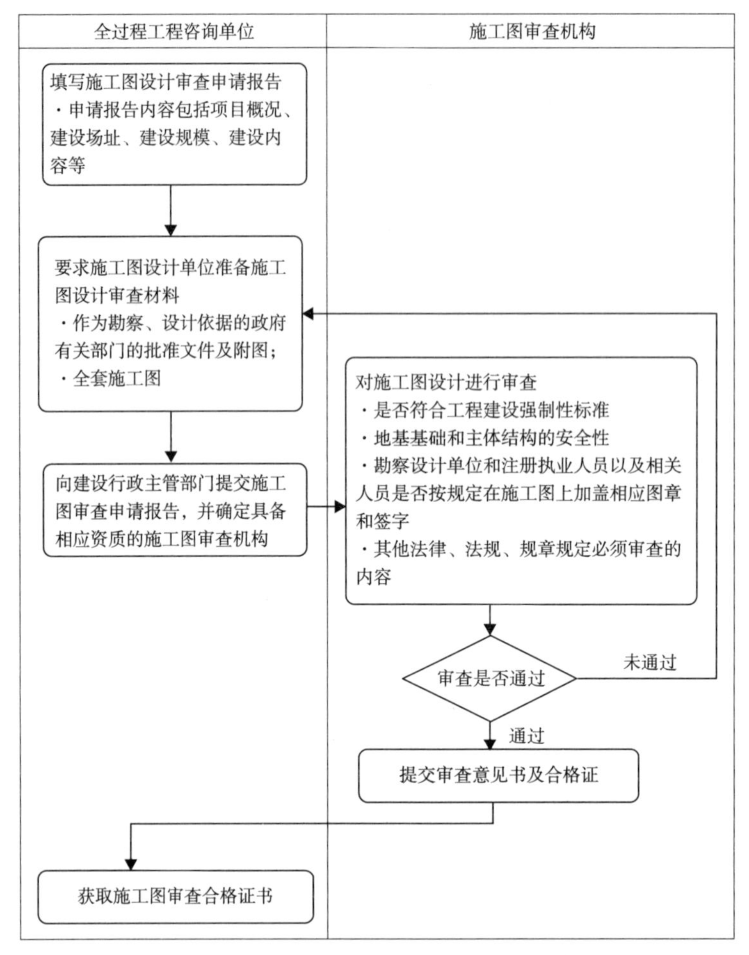

图 4-7　施工图审查机构对施工图的审查流程

4.8　设计阶段 BIM 技术应用管理

在项目设计准备阶段，项目 BIM 咨询部负责编制全过程工程咨询项目 BIM 咨询管理方案，经项目部内部评审后，由总咨询师批准实施。

全过程工程咨询 BIM 咨询管理方案，应包括以下内容：

（1）BIM 项目各阶段的应用内容、模型深度要求、成果文件。

（2）BIM 项目各阶段工作管理制度。

（3）BIM 项目中应用的软件和硬件要求。

（4）BIM 实施协同管理体系方案。

（5）BIM 项目实施成果资料交付格式。

（6）BIM 项目实施中的评价标准。

BIM 应用的目标和范围应根据项目特点、合同要求及工程项目相关方 BIM 应用水

平等进一步明确确定。

在各参与方进场后，BIM 咨询部应及时组织项目各参与方对项目的 BIM 应用进行策划。项目 BIM 咨询部负责审核各参与方编制的 BIM 实施方案，是否足以保障各参与方职责界面清晰，且满足相关合同要求的深度。督促项目所有参与方共同遵守工作标准和要求开展 BIM 工作，以确保 BIM 技术应用在项目中的顺利推进和价值发挥。

4.8.1　设计阶段 BIM 应用

项目相关方的设计阶段 BIM 成果应按方案及初步设计、施工图设计、管线综合深化设计等分阶段提交项目 BIM 咨询部审核。

项目相关方在各个设计阶段或节点提交 BIM 完成成果时，BIM 设计单位各专业应对 BIM 模型准确性、完整性负责。BIM 设计单位应将 BIM 模型整合完整后向项目相关方展示，BIM 设计单位各专业及项目相关方各专业模型会审完成后，由项目 BIM 咨询部专业咨询工程师最终审定 BIM 模型。

4.8.2　组织 BIM 成果交底

项目设计各阶段 BIM 成果审核完成后，组织 BIM 设计单位向项目各相关方进行成果和技术交底。

4.8.3　BIM 模型变更管理

BIM 咨询部应及时督促项目相关方根据设计变更修改自身工作范围内的施工图设计模型和管线综合深化设计模型，模型变更应依据各方确认后的设计图纸变更单进行。

4.9　设计阶段造价管理

4.9.1　设计阶段造价管理的主要内容

设计阶段造价管理的主要内容包括以下几点：

（1）设计阶段造价管理主要内容有设计方案的比选与优化，限额设计，设计概算审核与调整，施工图预算与审核等。

（2）设计阶段造价管理的要求如下：

①设计阶段按照批准的投资估算为限额控制设计概算，批准的设计概算控制施工图预算。

②设计阶段应坚持设计方案比选与优化，开展限额设计，控制项目总投资。

③加强设计概算、施工图预算的审核，确保成果文件质量，保证后续投资控制依

据充分有效。

④当出现超估、超概算时，应及时组织调整概预算，提交分析报告，交委托人报原概算审批部门核准。

4.9.2 设计阶段造价过程管理

1. 收集资料

（1）项目立项、可行性研究及批复文件。

（2）项目详规、土地规划、土地证、环评[①]等，以及市政配套资料。

（3）设计文件，水文地质勘察报告。

（4）概算书（总概算表、概算明细表等），施工图预算。

（5）政策文件、造价管理文件、适用定额及信息价、建设单位对项目的特殊要求等。

（6）场地三通一平情况，场地高程等。

2. 限额设计

（1）对投资估算进行分解，开展限额设计，保证各单项工程、专业工程使用功能不减少、技术标准不降低、工程规模不削减，按分解的限额进行设计。

（2）对工程造价目标进行分解，将投资额分解到各单项工程，单项工程投资额分解到单位工程，单位工程限额分解到建筑、结构、电气、给水排水、暖通等各专业分部分项工程。

（3）对于关键控制点，如造价占比较大的项目、设计变化对造价影响较大的项目、市场价格波动较大的项目、采用新材料新工艺的项目，应与设计人员共同确认关键的项目。

（4）限额设计应统筹考虑工程造价目标与质量、进度等目标之间的关系。

（5）限额设计审核流程：

专业咨询工程师（造价）编制限额设计目标表，组织各专业咨询工程师审核，经总咨询师审批，报建设单位批准后，交设计部门执行。审核表格参见附录 4-8 限额设计目标表。

3. 设计方案比选与优化

（1）根据限额设计，结合工程实际情况，造价专业咨询工程师组织对筛选的设计方案及优化设计进行经济分析。

（2）确定合理的建设标准，采用统一的技术经济指标体系进行全面对比分析。

（3）审核设计方案指标，如工程造价指标、消耗量指标、主要价格指标、使用寿

---

① 即环境影响评价（Environmental Impact Assessment），简称 EIA。

命及成本等指标，对设计方案、优化设计进行经济评价；对于单项工程或单位工程设计的多方案经济比选宜采用价值工程和全寿命周期成本分析方法。

（4）编制对比表，提出设计方案优化建议，组织各专业咨询工程师审核，经总咨询师审批，报建设单位批准后，交设计部门执行。审核表格参见附录 4-9　投资方案比选审核表。

4. 设计概算审核与评审

（1）设计概算内容审核。

①编制依据的合法性、有效性、适用性等，是否包括以下内容：

a. 国家、行业和地方有关规定；

b. 相应工程造价管理机构发布的概算定额（或指标）；

c. 工程勘察与设计文件；

d. 拟定或常规的施工组织设计和施工方案；

e. 建设项目资金筹措方案；

f. 工程所在地编制同期的人工、材料、机械台班市场价格，以及设备供应方式及供应价格；

g. 建设项目的技术复杂程度，新技术、新材料、新工艺以及专利使用情况等；

h. 建设项目批准的相关文件、合同、协议等；

i. 政府有关部门、金融机构等发布的价格指数、利率、汇率、税率以及工程建设其他费用等；

j. 委托单位提供的其他技术经济资料。

②编制说明的编制方法、编制深度、编制范围等。

③设计概算是否符合批准可行性研究投资估算。

④工程量计算是否准确，选用定额子目和（或）指标是否合理，材料设备规格、技术参数是否符合设计要求，材料设备价格来源依据是否合理。

⑤其他费用各项取费是否符合计价规定。

（2）根据项目特点和工程的具体情况，计算并分析整个项目的费用构成，以及各单项工程和主要单位工程的主要技术经济指标是否合理。

（3）概算书格式、签字盖章是否符合要求。

（4）设计概算的审核流程。

专业咨询工程师（造价）编制设计概算审核表，经总咨询师审批，报建设单位批准后执行。审核表格参见附录 4-10　概预算审核表。

（5）配合设计概算评审。

全过程工程咨询项目机构应协助建设单位对设计概算进行申报评审，组织设计单位参加设计概算评审，协助记录、解释、回复评审提出的问题，按照评审意见组织设计单位调整。

5. 施工图预算审核

施工图预算审核主要审核以下内容：

（1）编制依据是否包括以下内容并符合要求：

①国家、行业和地方有关规定。

②相应工程造价管理机构发布的预算定额。

③施工图设计文件及相关标准图集和规范。

④项目相关文件、合同、协议等。

⑤工程所在地的人工、材料、设备、施工机械市场价格。

⑥施工组织设计和施工方案。

⑦项目的管理模式、发包模式及施工条件。

⑧建设项目已批准的设计概算文件。

⑨工程现场地形、地质、水文、交通、供水供电等自然条件。

⑩其他应提供的资料。

（2）施工图工程量计算是否准确。

（3）定额使用是否正确。

（4）设备材料及人工机械价格来源依据是否合理。

（5）相关费用计取是否符合国家或地方规定。

（6）施工图预算编审应内容完整、准确、全面，计算合理，且应控制在已批准的设计概算对应投资范围内，施工图预算应与设计概算对应的项目范围一致。

（7）施工图预算的审核流程：

造价专业咨询工程师编制设计施工图预算审核表，经总咨询师审批，报建设单位批准后执行。审核表格参见附录 4-10　概预算审核表。

6. 概预算调整与设计优化动态管理

（1）随着项目实施，设计方案图纸会动态调整优化。

（2）概预算也需要进行动态管理，概算、施工图预算编制审核确认后，应对比分析超估超概原因，从建设规模、建设标准、市场价格、地质条件、不可抗力、各种含量等方面进行深入分析，体现在概算审核分析报告中。

（3）在保证结构安全、保证满足使用功能的情况下对图纸进行方案比选、优化设计，直到满足概算限额。

（4）对于不能通过方案比选、优化设计满足概算的，应配合建设单位对概算调整进行报批。

4.10 勘察、设计阶段报批报建工作内容、流程及申请表

勘察、设计阶段报批报建的主要工作内容包括政府投资项目初步设计审批、建筑类建设工程规划许可、协议出让国有建设用地使用权用地批复、国有建设用地使用权首次登记（划拨）、国有建设用地使用权首次登记（出让）等。

专业咨询工程师首先收集申报材料，填写勘察、设计阶段咨询服务报批报建工作申请表，经总咨询师审核并报建设单位项目负责人批准同意后，方可正式开始办理。

4.10.1 政府投资项目初步设计审批

1. 申报材料清单

（1）非建设单位法定代表人申请办理的，应当提交授权委托书（授权委托书应当经建设单位法定代表人签字并加盖单位公章）。

（2）委托代理人身份证明。

（3）建设工程规划许可申请书。

（4）项目初步设计文本。

（5）可行性研究报告批复文件。

2. 办理流程

政府投资项目初步设计审批流程如图 4-8 所示。

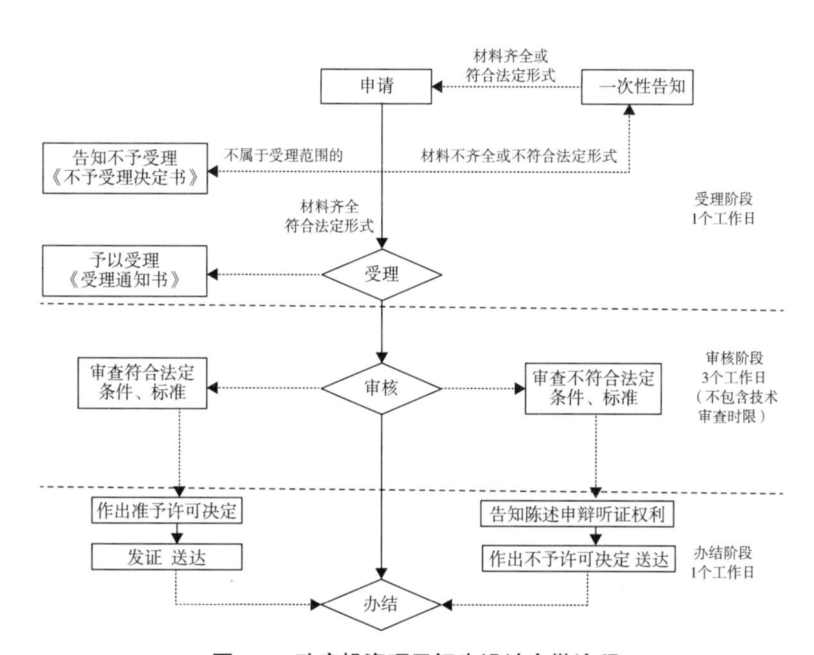

图 4-8 政府投资项目初步设计审批流程

3. 申请表

详见附录 4-11　工程建设许可阶段申请表。

4. 结果文书

关于 ××× 建设项目初步设计的批复。

4.10.2　建筑类建设工程规划许可

1. 申报材料清单

建筑类建设工程规划许可申报材料如下：

（1）非建设单位法定代表人申请办理的，应当提交授权委托书（授权委托书应当经建设单位法定代表人签字并加盖单位公章）。

（2）委托代理人身份证明。

（3）建设工程设计方案（建设工程设计方案、防空地下室设计方案或城市地下空间开发利用兼顾人防要求设计方案、园林绿化设计方案）。

（4）建设工程规划许可申请书。

（5）营业执照或事业单位法人证书或组织机构代码证。

（6）使用土地的证明文件。

（7）建设项目批准、核准、备案文件。

2. 办理流程

建筑类建设工程规划许可办理流程如图 4-9 所示。

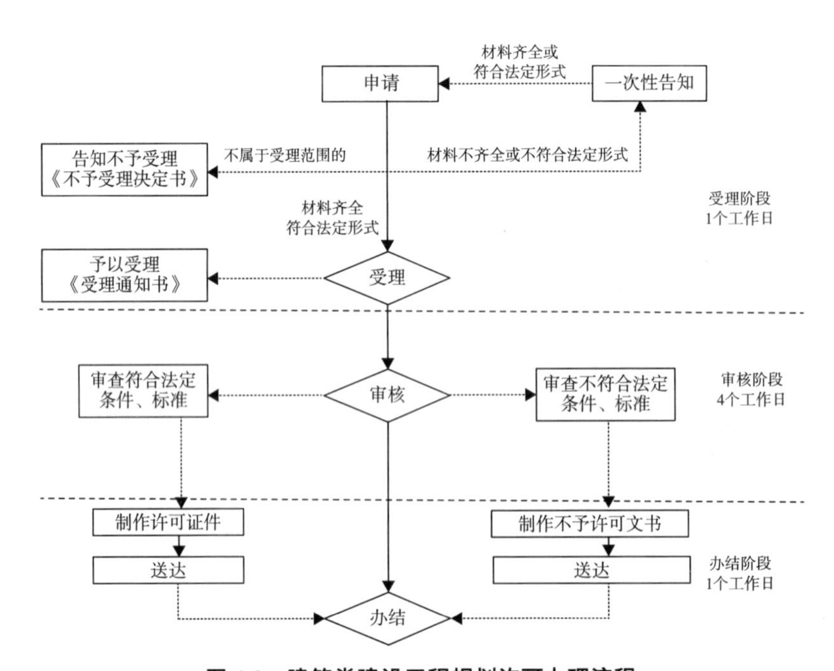

图 4-9　建筑类建设工程规划许可办理流程

3. 申请表

详见附录 4-11 工程建设许可阶段申请表。

4. 结果文书

建设工程规划许可证。

4.10.3　协议出让国有建设用地使用权用地批复

1. 申报材料清单

协议出让国有建设用地使用权用地批复申请材料如下：

（1）申请书。

（2）申请人有效身份证明文件（营业执照副本或组织机构代码证复印件、法人代表身份证复印件）。

（3）委托书原件。

（4）委托书原件及委托人身份证复印件。

（5）《国有建设用地使用权出让合同》。

（6）土地出让金缴款通知书和缴纳票据复印件。

（7）《建设用地规划许可证》正本复印件和附件、附图原件。

2. 办理流程

协议出让国有建设用地使用权用地批复办理流程如图 4-10 所示。

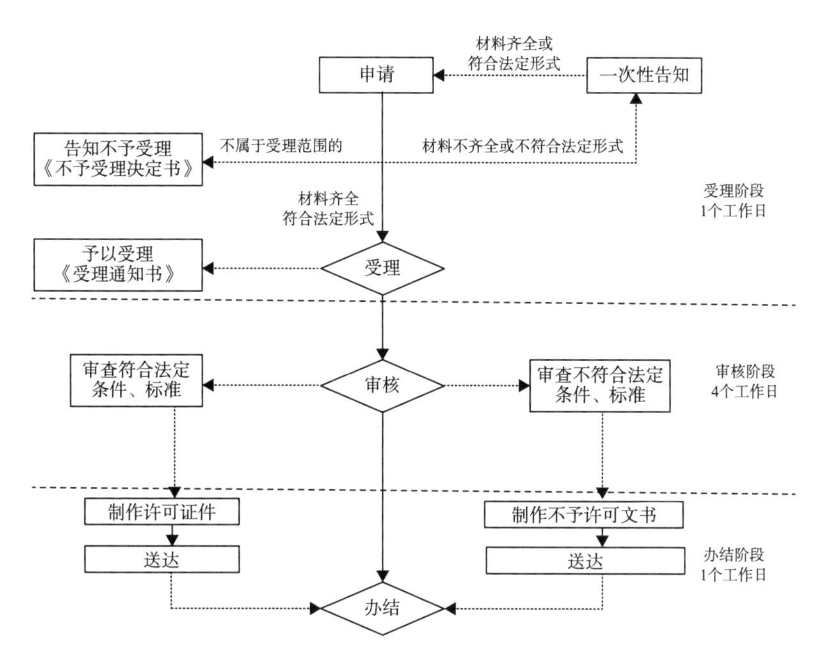

图 4-10　协议出让国有建设用地使用权用地批复办理流程

3. 申请表

详见附录 4-11　工程建设许可阶段申请表。

4. 结果文书

划拨决定书及用地批复。

附录 4-1　全过程工程咨询勘察实施方案

全过程工程咨询勘察实施方案

____________________项目

编制：专业咨询工程师 ____________________

审核：总咨询师 ____________________

×××公司

年　　月　　日

全过程工程咨询勘察实施方案

1 勘察质量控制

1.1 勘察阶段质量管理工作内容、程序

1.1.1 工作内容

①建立管理班子。

②编写勘察管理细则。

③收集资料，编写任务书或招标文件，确定技术要求和质量标准。

④组织考察勘察单位，协助业主进行勘察竞选、招标、商谈并签订合同。

⑤审核满足设计要求的勘察方案，提出审核意见。

⑥定期检查勘察工作实施，控制勘察程序和深度。

⑦按合同进度要求完成勘察。

⑧按规范检查勘察报告的内容和成果，进行验收，提出书面验收意见。

⑨组织勘察成果技术交底。

⑩编写勘察管理总结报告。

1.1.2 工作程序

勘察阶段工作程序，见全过程咨询勘察设计程序文件。

1.2 勘察阶段管理工作方法

（1）编写任务书、竞选文件或招标前要广泛收集的各种文件和资料，如计划任务书、规划许可证、设计单位的要求、相邻建筑地质资料等，在分析整理这些文件和资料的基础上提出技术和质量标准。

（2）审核勘察单位勘察方案，重点审核其可行性、精确性。

（3）在勘察实施过程中应设置报验点（如标高、钻探点位、深度）。

（4）对勘察成果进行检查，重点检查其是否符合委托合同要求及有关技术规范标准，验证其真实性和准确性。

（5）必要时组织专家对勘察成果进行评审。

1.3 勘察阶段质量控制要点

勘察阶段的质量控制要点如下：

（1）协助建设单位选定勘察单位。

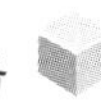

（2）勘察工作方案审查和控制。

（3）勘察现场作业质量的控制（4M1E），即作业人员持证上岗；勘察计量仪器标定；原始记录清楚，签字规范完整；负责人在现场指导、检查、验收。

（4）勘察文件质量控制要点包括工程勘察资料、图表、报告等文件要依据有关规定执行各级审核、审批程序，并由负责人签字；工程勘察成果齐全、可靠，满足国家有关法规及技术标准、合同规定要求；工程勘察成果必须严格按照质量管理有关管理程序进行检查和验收，合格后方可投入使用；勘察文件深度审查；勘察结果应对工程地质条件，对地基处理、基础选型、开挖、支护、降水等具体要求进行评价，并应进行技术经济评价，将提出建议作为设计依据。

（5）勘察后期服务质量控制要点包括勘察文件交付后，项目管理人员应根据工程建设的进展情况督促勘察单位做好施工阶段的勘察配合、验槽、基础验收、竣工验收等后期服务。

（6）勘察技术档案管理要点：工程完工后，项目管理人员应检查勘察单位档案管理情况，并要求勘察部门出具相关勘察原始资料、验收资料及质量评估资料。

附录 4-2　全过程工程咨询设计咨询实施方案

全过程工程咨询设计咨询实施方案

______________项目

编制：专业咨询工程师 ______________

审核：总咨询师 ______________

×××公司

年　　月　　日

设计咨询管理实施方案

1　工作内容、程序和方法

1.1　工作内容

（1）建立管理班子。

（2）编写岗位职责及管理细则，落实责任到人。

（3）收集资料，编写各阶段设计任务书，确定技术要求和质量标准。

（4）编制管理细则，确定目标控制计划。

（5）设计进度由专业咨询工程师审核，总咨询师批准，建设方确认，详见全过程咨询设计管理。

（6）设计质量控制，详见附表：全过程咨询设计质量控制的主要环节。

1.2　工作程序

（1）严格按照全过程咨询程序文件相关要求进行各阶段设计成果的接受、审查，并发放审查意见。

（2）严格按照全过程咨询设计作业文件中的各阶段审查要点对各阶段设计成果进行审查。

（3）严格按照全过程咨询设计作业文件中的设计管理相关规定进行设计管理工作。

（4）严格按照项目进度把控设计单位各阶段、各专业的设计进度。

1.3　工作方法

（1）项目管理单位应在建设单位与设计单位间发挥桥梁纽带作用；管理人员通过沟通了解建设单位想法，以书面或口头形式与设计单位相关人员交换意见，进行磋商，调动设计人员的积极性，发挥其技术潜力，将经济、技术、环境、资源因素最大限度地落实到设计图纸上。

（2）根据项目进度，加强过程跟踪与管理，对设计单位的过程成果进行审核，提出书面审核意见。

（3）采用多种方案比较法，对建筑装修标准、结构选型、水电方案等进行多方案比较，根据项目情况，确定最优方案。

（4）利用奖惩手段，在设计合同中明确奖惩措施，做到奖必行、罚必信。

（5）严格控制设计质量，方法如下：

①对设计进行质量跟踪，定期对设计文件进行审核，发现不符合质量标准和要求的，指令设计单位修改，直至符合标准为止。

②围绕设计各阶段、各环节进行质量控制，各主要环节的工作要求见后附表。

③利用支付手段、合同管理措施对设计质量、进度进行控制。

附　表

全过程咨询设计质量控制的主要环节

序号	工作阶段	项目管理主要工作内容	要求及说明
1	准备阶段	落实外部条件，提供设计所需基础资料	主要是供水、供气、供电、供热、通信及道路运输等方面的资料
2	设计阶段	配合设计进度、组织设计与外部关系的协调	外部消防、人防、环保、地震、防汛、供水、电暖、通信，公用市政协调工作
3		各设计单位之间的协调	对业主直接委托平行设计单位协调
4		参与主要设备材料的选型	依据功能、经济合理原则参与选型
5		检查控制设计进度	检查设计合同执行情况
6	成果验收阶段	方案设计成果审核	方案成果满足深度要求，各专业内容明确，功能满足建设方需求，满足报批报建要求，各专业通过比选，方案具备可实施性
7		初步设计成果审核	各专业文本、图纸满足深度要求，主要设备选型准确，各专业内容与方案保持一致，概算准确、无漏项，为施工图设计做好准备，为建设方投资决策提供依据
8		施工图纸审核	审核图纸质量、深度，各专业碰漏、碰缺，审核施工图设计内容与方案、初步设计保持一致性，内外装修做法满足建设方要求，功能分区满足建设方使用要求，审图预算，确保预算不超概算
9	施工阶段	参与处理设计变更	分析变更原因，包括材料、设备更换，明确变更是否增加造价
10		参与现场质量控制工作	参与重点部位、阶段监督，参加例会、巡检，审核专项施工方案并提出审核意见
11		参与处理质量问题	危害性分析，提出处理方案或审核方案，确保质量问题造成的损失最低
12		参与工程验收	参与重要隐蔽工程、单位工程、单项工程中间验收，参与设备、系统的调试，提出不合格部分整改意见，确保工程顺利通过竣工验收

附录 4–3　勘察委托任务书

勘察委托任务书

项目名称：　　　　　　　　　项目地点：　　　　　　　　　勘察阶段：　　　　　　　　　编号：

<table>
<tr><td rowspan="4">子项名称</td><td rowspan="4">建筑尺寸
长 × 宽
（m×m）</td><td rowspan="4">建筑
层数
或
高度</td><td rowspan="4">基础
埋深
（m）</td><td colspan="5">基础类型及尺寸</td><td rowspan="4">基底
平均
压力
（kPa）</td><td rowspan="4">柱网
间距
或跨
度
（m）</td><td rowspan="4">单柱
荷载
（kN）</td><td rowspan="4">结
构
类
型</td></tr>
<tr><td colspan="3">天然地基</td><td colspan="2">人工地基</td></tr>
<tr><td>独立基础</td><td>条基</td><td>筏 / 箱基</td><td>复合地基</td><td>桩基</td></tr>
<tr><td>长 × 宽
（m×m）</td><td>（m）</td><td>（m²）</td><td>类型</td><td>类型</td></tr>
<tr><td></td><td rowspan="3">详平面图</td><td></td><td></td><td></td><td></td><td>√</td><td>√</td><td></td><td></td><td></td><td></td><td></td></tr>
<tr><td></td><td></td><td></td><td></td><td></td><td></td><td></td><td></td><td></td><td></td><td></td><td></td></tr>
<tr><td></td><td></td><td></td><td></td><td></td><td></td><td></td><td></td><td></td><td></td><td></td><td></td></tr>
<tr><td>关于勘察量土工试验的具体要求</td><td colspan="12">1. 查明有无不良地质现象及其危害程度，查明拟建场地范围内的地层岩性、层次、厚度及沿竖向和水平方向的分布。
2. 提供地基土承载力特征值、压缩模量、抗剪强度指标及其他指标，提供各土层物理力学指标及建议值并作出评价。
3. 查明地下水的埋藏情况、类型和水位变化幅度及规律，提供地下水对建筑材料的腐蚀性及对施工的影响。
4. 提供地基变形参数，预测建筑物的沉降、差异沉降及其他指标。
5. 判断拟建场地的场地土类型和场地类型，判别地基土有无液化的可能，对场地稳定性进行评价。
6. 对地基基础方案进行分析评价，提供经济合理的设计方案建议。
7. 提供桩基设计所需技术参数，确定单桩承载力，提供桩型、桩式及布桩方案的建议。
8. 提供边坡稳定性计算及支护所需岩土技术参数，并评价基坑开挖、降水对邻近工程的影响。
9. 地基应进行施工验槽，如地基条件与原勘察报告不符，应进行施工验槽</td></tr>
<tr><td colspan="13">全过程工程咨询项目机构：××× 公司　　总咨询师：×××　　专业咨询工程师：×××　　电话：×××</td></tr>
</table>

××× 公司 制

附录 4–4　勘察审查记录表

编号：

勘察____审查记录表

<table>
<tr><td colspan="4">审查 / 检查 / 验收记录表</td><td>编号：</td></tr>
<tr><td colspan="2">项目名称</td><td></td><td>单位名称</td><td></td></tr>
<tr><td colspan="2">审查人</td><td></td><td>日　　期</td><td></td></tr>
<tr><td colspan="3">审查内容：× × × 项目地勘________</td><td>符合</td><td>不符合</td></tr>
<tr><td>1</td><td colspan="2"></td><td></td><td></td></tr>
<tr><td>2</td><td colspan="2"></td><td></td><td></td></tr>
<tr><td>3</td><td colspan="2"></td><td></td><td></td></tr>
<tr><td>4</td><td colspan="2"></td><td></td><td></td></tr>
<tr><td>5</td><td colspan="2"></td><td></td><td></td></tr>
<tr><td>6</td><td colspan="2"></td><td></td><td></td></tr>
<tr><td>7</td><td colspan="2"></td><td></td><td></td></tr>
<tr><td>8</td><td colspan="2"></td><td></td><td></td></tr>
<tr><td>9</td><td colspan="2"></td><td></td><td></td></tr>
<tr><td colspan="5">审查结论：</td></tr>
<tr><td colspan="3">专业咨询工程师：</td><td colspan="2">总咨询师：</td></tr>
</table>

附录 4–5 全过程工程咨询设计任务书

全过程工程咨询设计任务书

________________项目

编制：专业咨询工程师 ________________

审核：总咨询师 ______________________

× × × 公司

年　　月　　日

设计任务书

一、工程概况

1.1 工程名称

1.2 建设单位

1.3 用地性质

1.4 建设地点

1.5 用地规模

1.6 建设规模

1.7 建筑设计使用年限

1.8 建筑耐火等级

1.9 人防设施

1.10 抗震设防烈度

1.11 结构型式

1.12 防水等级

二、设计依据

2.1 国家及项目所在地地方的现行法律、法规

2.2 建设单位需求

2.3 上一阶段设计成果及主管部门正式批复

2.4 各建设主管部门对项目的具体要求

三、设计条件

3.1 气象条件

3.2 工程地质、水文地质条件

3.3 地震条件

3.4 公用设施依托条件

3.5 供水、排水

3.6 供电、通信

3.7 供热、制冷

3.8 交通运输

3.9 燃气

3.10 建筑分类及等级标准

四、工程建设规模

4.1 工程建设规模

（略）

4.2 本次设计范围，包括但不限于以下内容：

该项目地质勘察、基坑支护设计（成果经专家评审通过，取得评审结论）、方案及施工图设计（总图、建筑设计、结构设计、给水排水工程设计、电气工程设计、暖通工程设计、人防设计、消防设计、综合管网设计、节能设计、海绵城市设计、绿色建筑设计）、立面设计（含立面控制手册）等满足招标人使用需求所有设计和施工配合服务等。

五、设计要求

5.1 项目定位

5.2 总平面布置

5.3 功能需求

5.4 建筑设计要点

5.4.1 功能分区及交通组织

5.4.2 相关技术要求

5.5 结构设计要点

5.5.1 工程设计标准

（1）总则；

（2）安全等级；

（3）抗震设防；

（4）楼面、屋面活荷载；

5.5.2 结构设计

（1）结构型式；

（2）基础；

（3）混凝土结构材料；

（4）钢结构材料；

（5）基坑支护；

5.5.3 技术要求

（1）基础；

（2）挡土墙；

（3）墙、柱、梁；

5.6 机电专业

5.6.1 给水系统

5.6.2 排水系统

5.6.3 暖通空调、人防通风防化、天然气系统

5.6.4 强电系统

5.6.5 智能化系统

5.6.6 建筑项目主要特征表

5.6.7 内外装修构造做法表

外部装修做法

部位	名称	工程做法	适用范围
外墙	外墙 1	干挂石材外墙	详立面图
	外墙 2	外挂铝板外墙	详立面图
外窗	外窗	断桥铝合金中空玻璃窗低辐射 6+12+6	所有外窗
外门	外门 1	钢制保温防火防盗门低	走廊门
	外门 2	断桥铝合金型材中空玻璃门低辐射 6+12+6	入口大厅
玻璃幕墙	幕墙	隐框玻璃幕墙低辐射 6+12+6	详立面图
屋面	屋面 1	细石混凝土屋面（带保温 80 挤塑聚苯板）	大屋面
	屋面 2	地砖面层屋面（带保温）	露台处
防水	防水 1	4+3 厚 SBS 防水卷材一级防水	屋面、地下室
	防水 2	聚合物水泥防水砂浆	水池、卫生间等有水房间
台阶	台阶	石材台阶	出入口
坡道	坡道	石材坡道	主出入口
散水	散水	细石混凝土暗散水	

内部装修做法表

序号	部位	房间名称	楼地面	墙面	顶棚	备注
	地下车库	地下汽车库	彩固石地坪 楼面 04	防霉涂料 内墙 04	防霉漆涂料 顶棚 01A	
		地下电梯大堂	石材 楼面 03	石材 内墙 01	石膏板吊顶 顶棚 05	
		走廊	防滑地砖 楼面 02（B）	防霉涂料 内墙 04	乳胶漆 顶棚 02	1.2 米以下墙面为面砖
		楼梯间	防滑地砖 楼面 02（B）	防霉涂料 内墙 04	乳胶漆 顶棚 02	

续表

序号	部位	房间名称	楼地面	墙面	顶棚	备注
	地下车库	电梯厅	石材 楼面 03	石材 内墙 01	石膏板吊顶 顶棚 05	
		制冷机房兼换热站	防滑地砖 楼面 02（B）	防霉涂料 内墙 04	防霉涂料 顶棚 01A	
		送风机房、排风机房、集气室	细石混凝土 楼面 01	防霉涂料 内墙 04	防霉涂料 顶棚 01A	
		变配电所、高压配电室、变配电室	环氧自流平面层 楼面 05	防霉涂料 内墙 04	防霉涂料 顶棚 01A	
		生活水泵房、消防水泵房	防滑地砖 楼面 02（A）	防霉涂料 内墙 04	防霉涂料 顶棚 01A	
		汽车坡道	细石混凝土无振动防滑坡道面层 楼面 01	石材 内墙 01	防霉涂料 顶棚 01A	
		消防水池	聚合物水泥防水砂浆	聚合物水泥防水砂浆 内墙 05	聚合物水泥防水砂浆	
		风井、设备井	水泥砂浆	水泥砂浆 内墙 05	水泥砂浆	
		陈列室、门厅、会议大厅等	石材 楼面 03	石材 内墙 01	石膏板吊顶 顶棚 -05	
		大型会议室	石材 楼面 03	石材 内墙 01	石膏板吊顶 顶棚 -05	
		公共走道	防滑地砖 楼面 02（B）	面砖 内墙 02	石膏板吊顶 顶棚 -05	
		楼梯间	防滑地砖 楼面 02（B）	涂料 内墙 04	涂料 顶棚 01A	
		卫生间	防滑地砖 楼面 02（A）	面砖 内墙 02	铝合金吊顶 顶棚 -03	
		新风机房、排烟机房、设备间、储藏间	防滑地砖 楼面 02（B）	涂料 内墙 04	涂料 顶棚 01A	
		计算机房	架空防静电地板 楼面 06	乳胶漆 内墙 03	硅酸钙板吊顶 顶棚 04	
		信息储存室	架空防静电地板 楼面 06	乳胶漆 内墙 03	硅酸钙板吊顶 顶棚 04	
		值班室	防滑地砖 楼面 02（B）	涂料 内墙 04	硅酸钙板吊顶 顶棚 04	
		消防安防控制室	架空防静电地板 楼面 06	乳胶漆 内墙 03	硅酸钙板吊顶 顶棚 04	
		风井、管道设备井	水泥砂浆	水泥砂浆 内墙 05	水泥砂浆	

附录 4–6　图纸审核意见

____________（阶段）图纸审核意见

________________项目

编制：专业咨询工程师 ______________

审核：总咨询师 ____________________

×××公司

年　　月　　日

一、建筑专业

分专业审核意见						
专业	建筑	结构	给水排水	暖通	电气	弱电
与招标文件不符（F）						
漏项（L）						
影响造价（J）						
违反强制性条文（Q）						
安全性（A）						
违反一般性条文（P）						
优化建议（Y）						
其他（B）						
合计						

1.1 与招标文件不符（F）

1.2 漏项（L）

1.3 影响造价（J）

1.4 违反强制性条文（Q）

1.5 安全性（A）

1.6 违反一般性条文（P）

1.7 优化建议（Y）

1.8 其他（B）

二、结构专业

分专业审核意见						
专业	建筑	结构	给水排水	暖通	电气	弱电
与招标文件不符（F）						
漏项（L）						
影响造价（J）						
违反强制性条文（Q）						
安全性（A）						
违反一般性条文(P)						

续表

分专业审核意见						
专业	建筑	结构	给水排水	暖通	电气	弱电
优化建议（Y）						
其他（B）						
合计						

2.1 与招标文件不符（F）

2.2 漏项（L）

2.3 影响造价（J）

2.4 违反强制性条文（Q）

2.5 安全性（A）

2.6 违反一般性条文（P）

2.7 优化建议（Y）

2.8 其他（B）

三、给水排水专业

分专业审核意见						
专业	建筑	结构	给水排水	暖通	电气	弱电
与招标文件不符（F）						
漏项（L）						
影响造价（J）						
违反强制性条文（Q）						
安全性（A）						
违反一般性条文（P）						
优化建议（Y）						
其他（B）						
合计						

3.1 与招标文件不符（F）

3.2 漏项（L）

3.3 影响造价（J）

3.4 违反强制性条文（Q）

3.5 安全性（A）

3.6 违反一般性条文（P）

3.7 优化建议（Y）

3.8 其他（B）

四、暖通专业

分专业审核意见						
专业	建筑	结构	给水排水	暖通	电气	弱电
与招标文件不符（F）						
漏项（L）						
影响造价（J）						
违反强制性条文（Q）						
安全性（A）						
违反一般性条文(P)						
优化建议（Y）						
其他（B）						
合计						

4.1 与招标文件不符（F）

4.2 漏项（L）

4.3 影响造价（J）

4.4 违反强制性条文（Q）

4.5 安全性（A）

4.6 违反一般性条文（P）

4.7 优化建议（Y）

4.8 其他（B）

五、电气专业

分专业审核意见						
专业	建筑	结构	给水排水	暖通	电气	弱电
与招标文件不符（F）						

续表

分专业审核意见						
专业	建筑	结构	给水排水	暖通	电气	弱电
漏项（L）						
影响造价（J）						
违反强制性条文（Q）						
安全性（A）						
违反一般性条文（P）						
优化建议（Y）						
其他（B）						
合计						

5.1 与招标文件不符（F）

5.2 漏项（L）

5.3 影响造价（J）

5.4 违反强制性条文（Q）

5.5 安全性（A）

5.6 违反一般性条文（P）

5.7 优化建议（Y）

5.8 其他（B）

六、智能化专业

无初步设计文本，初步设计图纸漏项较多，故仅给出对初步设计图纸的初步审核意见。

分专业审核意见						
专业	建筑	结构	给水排水	暖通	电气	弱电
与招标文件不符（F）						
漏项（L）						
影响造价（J）						
违反强制性条文（Q）						
安全性（A）						
违反一般性条文（P）						

续表

分专业审核意见						
专业	建筑	结构	给水排水	暖通	电气	弱电
优化建议（Y）						
其他（B）						
合计						

6.1 与招标文件不符（F）

6.2 漏项（L）

6.3 影响造价（J）

6.4 违反强制性条文（Q）

6.5 安全性（A）

6.6 违反一般性条文（P）

6.7 优化建议（Y）

6.8 其他（B）

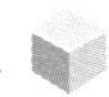

附录 4–7　设计更改任务书

<table>
<tr><td rowspan="2"></td><td rowspan="2">设计更改任务书</td><td colspan="2">编号：</td></tr>
<tr><td>第　　页</td><td>共　　页</td></tr>
<tr><td>工程名称</td><td></td><td></td><td></td></tr>
<tr><td>主　送</td><td></td><td></td><td></td></tr>
<tr><td>抄　送</td><td></td><td></td><td></td></tr>
<tr><td colspan="4">更改内容及附图：</td></tr>
<tr><td>专业咨询工程师</td><td></td><td></td><td></td></tr>
<tr><td>总咨询师</td><td></td><td></td><td></td></tr>
<tr><td>建设单位负责人</td><td></td><td></td><td></td></tr>
<tr><td colspan="4">年　　月　　日</td></tr>
</table>

×××公司　制

附录 4–8 限额设计目标表

限额设计目标表

序号	编 号	单位名程或费用名称	建筑面积（m^2）	建筑工程		安装工程		设备购置		指标	比例	备注
				批复	限额	批复	限额	批复	限额			
一	100	工程费用										
1	101	单项工程 1										
1.1	101-1	土建工程										
1.2	101-2	装饰装修工程										
……												
		小 计										
2	102	单项工程 2										
2.1	101-1	土建工程										
2.2	101-2	装饰装修工程										
……												
		小计										
3	103	院区工程										
3.1	103-1	道路										
3.2	103-2	绿化景观										
3.3	103-3	围墙										
		小 计										
		工程费用合计										
造价专业咨询工程师：					总咨询师：				建设单位审批意见：			

附录 4–9　投资方案比选审核表

投资方案比选审核表

项目名称：

序号	项目方案	经济指标
1		
2		
3		
4		
……		
比选与优化建议：		
造价专业咨询工程师： 其他专业咨询工程师： 总咨询师：		
建设单位审批意见：		

附录 4–10　概预算审核表

概预算审核表

项目名称：

序号	审核主要内容	是否满足	修改意见	备注
1	是否符合国家、行业和地方有关规定			
2	是否符合项目批复文件、合同等			
3	是否符合项目设计、水文地质文件			
4	概预算成果文件是否齐全完整			
5	概预算编制范围、深度是否符合要求			
6	各项取费文件是否符合规定			
7	相关概预算定额（指标）是否适用			
8	工程量计算是否正确			
9	人材机价格是否采用市场价格			
10	其他有关内容			
……				
造价专业咨询工程师： 其他专业咨询工程师： 总咨询师：				
建设单位审批意见：				

附录 4-11　工程建设许可阶段申请表

工程建设许可阶段申请表

<table>
<tr><td colspan="2">项目名称</td><td colspan="6"></td></tr>
<tr><td colspan="2">项目代码（选填）</td><td colspan="6"></td></tr>
<tr><td colspan="2">项目建设单位</td><td colspan="6"></td></tr>
<tr><td colspan="2">法定代表人</td><td colspan="5">身份证号</td><td>联系电话</td></tr>
<tr><td colspan="2"></td><td colspan="5"></td><td></td></tr>
<tr><td colspan="2">单位性质</td><td colspan="6">□行政机关　□事业单位　□企业单位　□部队　□其他</td></tr>
<tr><td colspan="2">组织机构代码证号或统一信用代码证号</td><td colspan="3"></td><td colspan="2">邮政编码</td><td></td></tr>
<tr><td colspan="2">被委托人姓名（选填）</td><td colspan="5">身份证号码</td><td>联系方式</td></tr>
<tr><td colspan="2"></td><td colspan="5"></td><td></td></tr>
<tr><td colspan="2">建设单位地址</td><td></td><td></td><td colspan="3">用地位置</td><td></td></tr>
<tr><td rowspan="2">申报事项</td><td>市自然资源和规划局</td><td colspan="6">□建设工程（含临时建设）规划许可
□国有建设用地批复（途径：□划拨类 □出让类 □协议出让类）
□不动产登记（国有建设用地使用权首次登记）</td></tr>
<tr><td>发改部门</td><td colspan="6">□初步方案设计审批</td></tr>
<tr><td rowspan="6">建设项目基本情况</td><td>宗地坐落</td><td colspan="6">□金 × 区　□中 × 区　□管 × 区　□二 × 区　□惠 × 区　□其他</td></tr>
<tr><td>项目类型</td><td colspan="6">□政府投资房屋建筑类项目
□社会投资类建设项目</td></tr>
<tr><td>建设性质</td><td colspan="4">□新建　□扩建　□改建
□迁建　□其他</td><td>重点工程</td><td>□重点工程
□非重点工程</td></tr>
<tr><td>用地性质</td><td></td><td></td><td></td><td></td><td rowspan="2">用地面积（m²）</td><td>总用地面积：</td></tr>
<tr><td>土地出让合同 / 划拨决定书编号</td><td></td><td></td><td></td><td></td><td>建设用地面积：</td></tr>
<tr><td>主要建设内容和技术指标</td><td colspan="6"></td></tr>
</table>

续表

国网供电技术数据（制定供电方案所需用电数据）									
用电负荷情况	负荷等级		保安负荷容量		一级负荷容量		二级负荷容量		
自备电源情况									
序号			1	2	3	4	5	6	合计
施工用电	新增变压器	容量							
		台数							
正式用电	新增变压器	容量							
		台数							
	新增高压电机	容量							
		台数							
用电需求：									

燃气用气技术数据	
民用设计户数（户）	
×× 户（若无民用户，填写“无”）	

供热信息采集明细	
项目概况	□居民类在建　□居民类既有　□公建类在建　□公建类既有　（勾选）
室内采暖	□散热器　□地板采暖　□中央空调　（勾选）
交换站位置信息	描述交换站位置信息
建筑用热面积	______m^2，用热负荷：______kW
楼栋及层数	项目共______栋楼，最高______层

工程概况内容					
总用地面积：______m^2 其中：建设用地面积：______m^2；代征道路用地面积：______m^2					
总建筑面积：______m^2 （计入容积率面积：______m^2；不计入容积率面积：______m^2） 其中：地上建筑面积：______m^2，______层；地下建筑面积：______m^2，______层					
本次报建总建筑面积：______m^2 （计入容积率面积：______m^2；不计入容积率面积：______m^2） 其中：地上建筑面积：______m^2，______层；地下建筑面积：______m^2，______层					
容积率		建筑密度		建筑占地面积	
绿地率		建筑高度		建筑层数	
停车位（个）：______，其中：地上车位（个）：______地下车位（个）：______					

续表

<table>
<tr><td rowspan="2">工程项目
名称</td><td rowspan="2">栋数</td><td rowspan="2">层数</td><td rowspan="2">性质</td><td rowspan="2">总高
（m）</td><td rowspan="2">结构</td><td colspan="3">底层尺寸</td><td rowspan="2">总建筑
面积
（m^2）</td></tr>
<tr><td>形状</td><td>长 × 宽
（m×m）</td><td>面积
（m^2）</td></tr>
<tr><td></td><td></td><td></td><td></td><td></td><td></td><td></td><td></td><td></td><td></td></tr>
<tr><td></td><td></td><td></td><td></td><td></td><td></td><td></td><td></td><td></td><td></td></tr>
<tr><td></td><td></td><td></td><td></td><td></td><td></td><td></td><td></td><td></td><td></td></tr>
<tr><td rowspan="4">园林绿化
指标</td><td colspan="3">规划绿地面积（m^2）</td><td colspan="2"></td><td colspan="2">是否有古树名木</td><td colspan="2"></td></tr>
<tr><td colspan="3">是否含有住宅
（用地性质为居住此项可不填）</td><td colspan="2"></td><td colspan="2">居住区集中绿地面
（m^2）</td><td colspan="2"></td></tr>
<tr><td colspan="4">绿化设计总平面图设计单位</td><td colspan="5"></td></tr>
<tr><td colspan="4">绿化设计单位资质等级</td><td colspan="5"></td></tr>
<tr><td rowspan="5">人防指标</td><td colspan="3">应建人防面积（m^2）</td><td colspan="2"></td><td colspan="3">本次应建人防面积（m^2）</td><td></td></tr>
<tr><td colspan="3">防空地下室功能</td><td colspan="2">防空地下室面积（m^2）</td><td colspan="3">防护级别</td><td>防化等级</td></tr>
<tr><td colspan="3"></td><td colspan="2"></td><td colspan="3"></td><td></td></tr>
<tr><td colspan="3">拟建人防位置</td><td colspan="6"></td></tr>
<tr><td colspan="9">申请易地建设（在以下五条原因中画“√”标注）:
（ ）1. 采用桩基且桩基承台顶面埋置深度小于 3m（或不足规定的地下室空间净高）的；
（ ）2. 按规定指标应建防空地下室的面积只占地面建筑面积首层的局部，结构和基础处理困难，且经济很不合理的；
（ ）3. 建在流沙、暗河、基岩埋深很浅等地段的项目，因地质条件不适于修建的；
（ ）4. 因建设地段房屋或地下管道设施密集，防空地下室不能施工或难以采取措施保证施工安全的。
（ ）5. 应配建人防工程面积小于一个防护单元（1000m^2），且建设单位提出缴纳易地建设费申请的</td></tr>
<tr><td rowspan="4">不动产登记</td><td rowspan="3">不动产情况</td><td colspan="2">坐落</td><td colspan="6"></td></tr>
<tr><td colspan="2">不动产单元号</td><td colspan="3"></td><td>不动产类型</td><td colspan="2"></td></tr>
<tr><td colspan="2">面积（m^2）</td><td colspan="3"></td><td>用途</td><td colspan="2"></td></tr>
<tr><td colspan="2">申请证书版式</td><td colspan="2">□单一版 □集成版</td><td colspan="2">申请分别持证</td><td colspan="3">□是 □否</td></tr>
<tr><td colspan="6">送达方式</td><td colspan="2">自行取件□</td><td colspan="2">邮寄送达□</td></tr>
<tr><td colspan="2" rowspan="2">邮寄地址</td><td colspan="4" rowspan="2"></td><td colspan="2">收件人</td><td colspan="2">联系电话</td></tr>
<tr><td colspan="2"></td><td colspan="2"></td></tr>
<tr><td colspan="4" rowspan="3">根据有关法律规定，申请人应如实提交有关材料和反映真实情况，并对申请材料实质内容的真实性负责。以虚报、瞒报、造假等不正当手段取得批准文件的，将依法予以撤销</td><td colspan="6">我单位已阅知有关填写须知，并承诺对申报材料及数据的准确性（含电子文件与图纸等纸质材料的一致性）负责，自愿承担虚报、瞒报、造假等不正当行为而产生的一切法律责任
（单位盖章）</td></tr>
<tr><td colspan="3">法定代表人
（或被委托人）签名</td><td colspan="3"></td></tr>
<tr><td colspan="3">日 期</td><td colspan="3">年 月 日</td></tr>
</table>

第5章 建设工程准备阶段咨询服务

5.1 建设工程准备阶段报批报建工作内容、流程及申请表

建设工程准备阶段报批报建工作内容主要包括防空地下室建设审查批准，建设工程消防设计审查，电力用户报装（含临时报装），自来水用户新装报装申请，自来水用户临时报装，供热用户报装，燃气用户报装，联合审图（含人防、消防），市重点建设项目开工报告批准，人民防空工程质量监督手续办理，建筑工程施工许可核准，建设工程招标文件备案，建筑垃圾排放许可，因工程建设需要拆除、改动、迁移供水、排水与污水处理设施审核，工程建设涉及城市绿地、树木审批，建设项目环境影响评价文件审批（非辐射类且编制报告表的项目）等。

专业咨询工程师首先收集申报材料，填写建设工程准备阶段咨询服务报批报建工作申请表，经总咨询师审核并报建设单位项目负责人批准同意后，方可正式开始办理。

5.1.1 建设工程消防设计审查

1. 申报材料清单

建设工程消防设计审查申报材料如下：

（1）建设工程规划许可证或城乡规划主管部门批准的临时性建筑证明文件（新建、扩建工程），所在建筑房屋权属证明文件（改建工程）。

（2）建设工程施工图设计文件审查合格证书（含消防审查）或消防设计文件。

（3）设计单位资质证明文件。

（4）营业执照或事业单位法人证书或统一社会信用代码。

2. 办理流程

建设工程消防设计审查办理流程如图5-1所示。

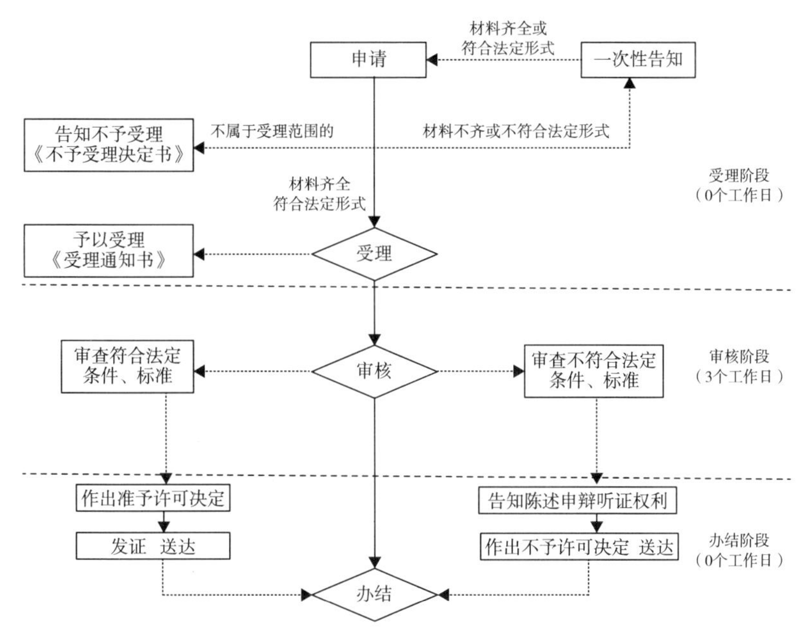

图 5-1　建设工程消防设计审查办理流程

3. 申请表

详见附录 5-1 施工许可阶段申请表。

4. 结果文书

建设工程消防设计审核意见书。

5.1.2　重点建设项目开工报告批准

1. 申报材料清单

重点建设项目开工报告批准申报材料如下：

（1）房屋建筑工程提供国有土地使用证或不动产权证。

（2）申请重点建设项目开工报告承诺书。

（3）施工合同。

（4）施工图设计文件审查合格书（或图审机构出具的图审合格证明，或专家对主体结构安全性和建筑物主要使用功能论证的意见）。

（5）工程项目的施工组织设计方案、质量安全责任制、质量安全组织机构及人员名册、危险性较大工程清单及方案、责任主体工程质量终身责任承诺书。

（6）建设工程中标通知书或直接发包通知书招标监管部门出具的符合自主发包条件的情况说明。

（7）建设工程规划许可证。

2. 办理流程

重点建设项目开工报告批准办理流程如图 5-2 所示。

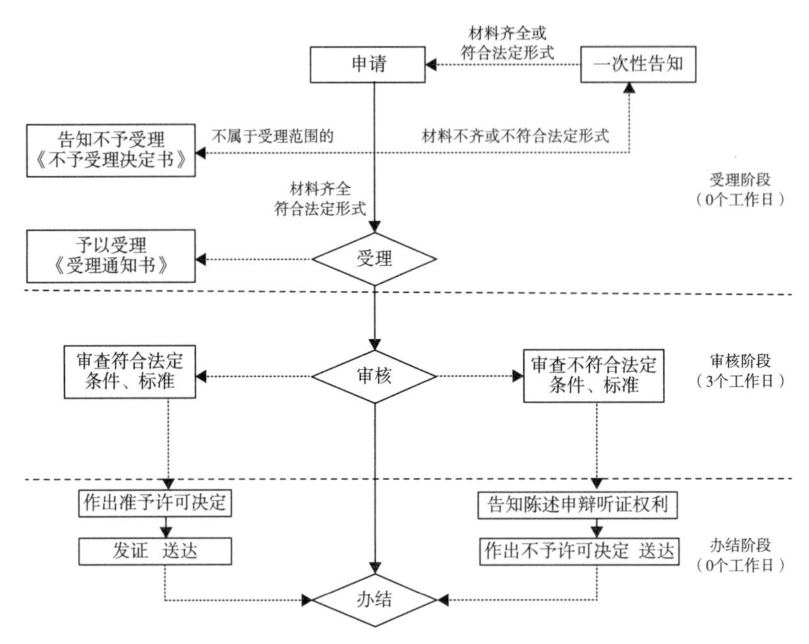

图 5-2 **重点建设项目开工报告批准办理流程**

3. 申请表

详见附录 5-1 施工许可阶段申请表。

4. 结果文书

建筑工程施工许可证（重点项目开工报告）。

5.1.3 建筑工程施工许可核准

1. 申报材料清单

建筑工程施工许可核准申报材料如下：

（1）房屋建筑工程提供国有土地使用证或不动产权证。

（2）施工合同。

（3）申请建筑工程施工许可承诺书。

（4）建设工程中标通知书或直接发包通知书招标监管部门出具的符合自主发包条件的情况说明。

（5）施工图设计文件审查合格书（或图审机构出具的图审合格证明，或专家对主体结构安全性和建筑物主要使用功能论证的意见）。

（6）工程项目的施工组织设计方案、质量安全责任制、质量安全组织机构及人员名册、危险性较大工程清单及方案、责任主体工程质量终身责任承诺书。

（7）未批先建的工程提供建设工程安全生产文明施工措施费存入凭证和建设工程项目进城务工人员工伤保险凭证。

（8）未批先建的工程提供建设项目安全评价报告、基坑安全监测最近一周报告。

（9）未批先建的工程提供违法行为行政处罚执行情况的通报。

（10）未批先建的工程提供已施工部分的质量检测报告和专家论证结论。

（11）建筑工程施工许可证申请表。

（12）依法应当经消防部门进行消防设计审核的建设工程，提供消防设计审核意见原件或扫描件一份。

（13）未批先建的工程提供施工现场踏勘。

（14）涉及轨道交通规划控制区的建设项目，需征求轨道交通经营单位意见。

2. 办理流程

建筑工程施工许可核准流程如图5-3所示。

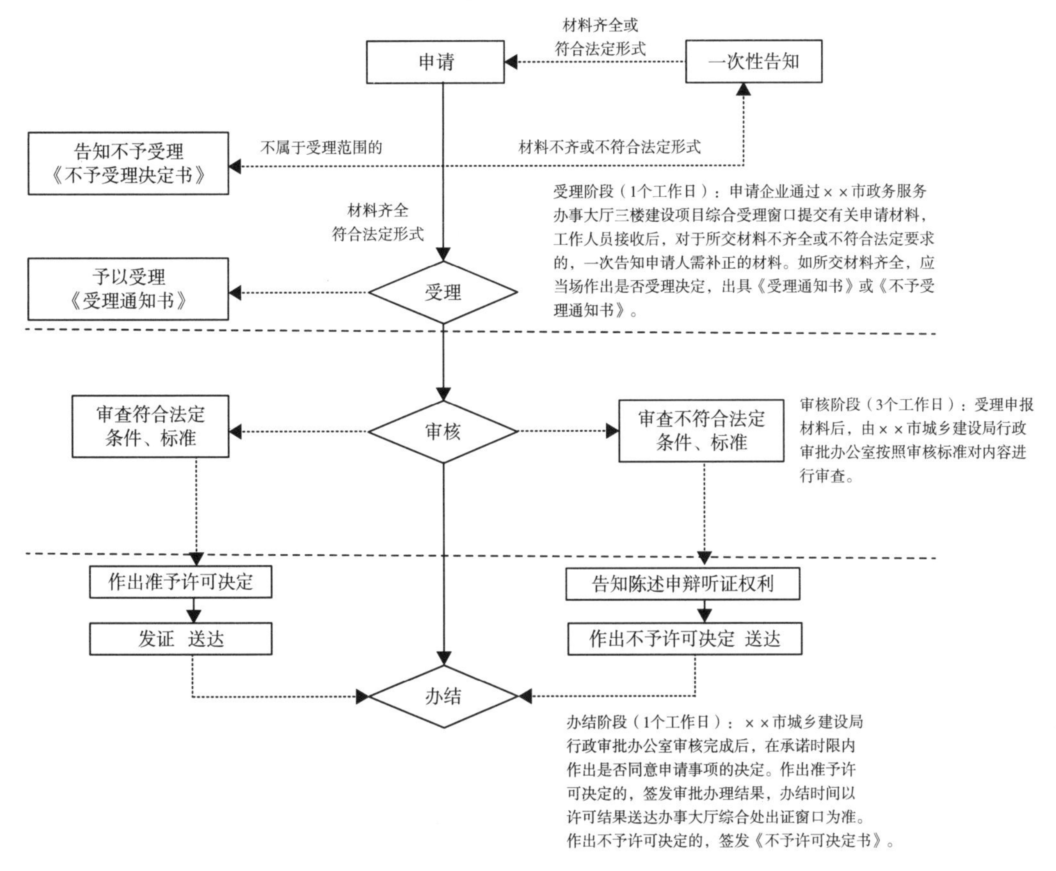

图5-3 建筑工程施工许可核准流程

3. 申请表

详见附录 5-1　施工许可阶段申请表。

4. 结果文书

建筑工程施工许可证。

5.2　合同规划

合同规划应在项目立项审批通过后开始组织实施，以确定对工程项目有重大影响的合同问题。

5.2.1　合同规划过程

合同规划是对工程的发包、合同种类选择、风险分配及合同在内容、时间、组织协调方面重大问题的研究和决策。

合同规划的过程一般有：

（1）收集项目概况、地理位置、背景、设计技术方案、建设单位的基本情况及资金筹集情况，确定建设单位对项目的总体目标和需求。

（2）厘清项目的需求和重点工作，制定项目总体实施计划。

（3）利用项目范围分析和项目工作结构分解，进行合同分解结构。

（4）确定项目实施策略，包括每项工作是内部实施还是外部委托，建设单位对工程实施的控制程度、项目风险分配策略、拟采用的发包采购模式等。

（5）确定项目管理组织形式与风险分配、业主代表与工程师的权责划分等、项目管理流程及规章制度。

（6）构建合同体系，协调各合同关系。

5.2.2　合同规划的要求

合同规划通过合同保证项目目标实现，应反映项目总体目标，应符合合法、公正、互利、合理分配风险等合同基本原则，维护工期、质量、投资三者平衡，确保高效率完成项目建设目标。

5.2.3　合同规划依据

合同规划的依据主要有以下几点：

（1）项目基础信息，包括项目概况、地理位置、背景、设计技术方案、建设单位的基本情况及资金筹集情况等，还包括利益相关方。

（2）建设单位对项目的总体目标和需求，包括工期、投资、质量等总体目标及其确定性，建设单位的实施策略、管理方式、期望对工程介入深度等，以及建设单位的招标采购管理制度等。

（3）法律法规标准，可能涉及的法律、法规、行业政策、技术规范、技术标准等。

（4）市场环境，主要包括潜在承包人或供应商的资格资质情况、产品或服务的市场行情和市场供给的成熟度等。

5.2.4　合同规划应包含的主要内容

合同规划应包含以下主要内容：

（1）项目结构分解。

（2）发承包模式的选择。

（3）项目管理模式的选择。

（4）合同种类选择。

（5）合同风险分配。

（6）合同之间的协调。

5.2.5　合同规划注意事项

合同规划应充分征求建设单位尤其是决策者的意见，合理分配各方的权责利，确定各方重大关系，引导建设单位理性决定工期、质量、价格，并在实施过程中及时评价复盘。

5.3　招标采购策划方案

5.3.1　招标采购策划要求

招标采购策划要求如下：

（1）招标采购策划应符合国家法律法规、项目所在地监督管理部门要求，符合项目实际情况，体现建设单位需求。

（2）招标采购策划应客观、公正地提高采购对象及采购活动本身的经济性，提高招标采购效率，合理分配风险。

（3）应收集项目和市场环境等相关信息，在项目组织内部充分沟通的基础上，进行系统分析。

5.3.2 招标采购策划的主要流程

招标采购策划的主要流程如下：

（1）收集项目需求信息，进行招标采购需求分析。

（2）确定招标采购方式及组织形式。

（3）编写招标采购方案。

（4）编制招标采购总进度计划。

（5）确定招标采购文件的编制与审查要求。

（6）制定招标采购过程管理要求。

（7）确定定标方式与签约管理要求。

（8）编制招标采购过程管理制度。

5.3.3 招标采购策划的主要内容

1. 招标采购方案

招标采购方案应包括招标采购范围、招标采购方式、招标采购组织形式等内容，以及行政监督主管部门和建设单位要求的其他内容，包括采用招标方式采购的项目，也应包括采用非招标方式采购的项目。

建设单位按照规定报项目行政监督管理部门审核和（或）备案。

2. 招标采购总进度计划

招标方案确定后，应及时确定各招标采购项目的顺序、工作内容、关键控制节点，平衡相互关系，采用表格、横道图、网络图等形式编制进度计划。

3. 招标采购文件的编制与审查方式

招标采购文件应尽量使用国家标准、示范文本，明确项目组织内部的编制与审查人员、编制与审查方式，规范项目管理流程。

4. 招标采购过程管理

招标采购过程应严格执行国家法律法规、政策，符合项目监督管理部门要求，确保招标采购过程公开、公平、公正。

策划应包含招标采购信息的发布、文件的发售、投标预备会、评标委员会组建、开标、评标等过程管理的规定。

5. 定标及签约管理

主要包括定标方式的确定、履约能力、中标公示、中标通知书的发放以及签约等过程管理方式。

6. 管理制度

策划应对招标采购工作质量、进度、保密、廉政等合理规划制度措施。

5.3.4　招标采购审核与批准

合同规划经确认后，招标采购专业咨询工程师应及时组织编写招标采购策划方案，各专业咨询工程师复核，经总咨询师审核后，报建设单位审批。

5.4　招标文件及合同审查

5.4.1　工程量清单及招标控制价审查

1. 工程量清单及招标控制价审查的主要内容

工程量清单及招标控制价审查的主要内容有清单及控制价的内容、编制依据、拟定的施工方案、组价取费原则等，确保符合项目实际情况、准确、全面。

2. 招标控制价编制依据

招标控制价应根据下列依据编制：

（1）《建设工程工程量清单计价规范》GB 50500—2013。

（2）国家或省级、行业建设主管部门颁发的计价定额和计价办法。

（3）建设工程设计文件及相关资料。

（4）拟定的招标文件及招标工程量清单。

（5）与建设项目相关的标准、规范、技术资料。

（6）施工现场情况、工程特点及常规施工方案。

（7）工程造价管理机构发布的工程造价信息，当工程造价信息没有发布时，参照市场价。

（8）其他相关资料。

3. 审查要点

工程量清单及招标控制价审查要点如下：

（1）项目编码、项目名称、项目特征、计量单位、措施项目、其他项目等是否符合清单计量规范。

（2）规费项目、税金、总价措施项目等是否符合有关计价管理办法、清单计量规范，暂估价、暂列金额是否由招标人认可或提供。

（3）是否符合设计文件、现场情况、地质水文勘察、工程建设标准规范等。

（4）拟定的施工方案是否合理。

（5）与拟定招标文件的一致协调性。

（6）人材机价格是否符合工程造价信息，参考的市场价来源依据等与工程建设是否匹配。

（7）工程量计算是否准确，参考定额或造价指标是否合理。

（8）编制说明的招标范围、编制依据、设计文件及答疑、编制过程中的其他说明事项是否合理。

（9）综合单价中是否考虑了风险范围及其费用。

（10）计日工应按招标工程量清单中列出的项目和数量自主确定综合单价并计算计日工金额。

（11）总承包服务费应根据招标工程量清单列出的内容和要求自主确定。

（12）文件的格式、签字盖章等是否齐全。

4. 工程量清单及招标控制价的审查流程

造价专业咨询工程师组织审查，经总咨询师审批，报建设单位批准后执行。

5. 审查表格

审查表格参见附录 5-2　工程量清单 / 招标控制价审核表。

5.4.2　招标文件的审查

1. 招标文件审查的主要内容

招标文件审查的主要内容有招标采购公告或邀请书，投标或采购须知，评标（评审）办法，项目需求（工程量清单、货物需求、勘察设计任务书、监理工作要求等），合同条款和格式，图纸，技术标准和要求，投标（响应）文件格式等。

2. 审查要点

招标文件审查应把握以下要点：

（1）是否使用标准招标采购文件。

（2）是否体现招标采购项目的特点和需求。

（3）依法设定投标资格资质条件。

（4）明确实质性要求和否决投标的情形。

（5）不得出现违法、歧视性条款。

（6）招标投标要素应清晰明确。

（7）评标办法是否合理、无漏洞。

（8）内容应完整、前后一致，语言规范、简练。

（9）公告、公示媒介及信息发布时间。

（10）是否按规定报行政监督主管部门、建设单位审批后发布。

3. 应明确的问题

招标文件审查应注意明确以下问题：

（1）明确评标原则和评价办法。

（2）招标价格中，一般结构不太复杂或工期在 12 个月内的工程，可采用固定价格，考虑一定的风险系数；结构较复杂的或大型工程，工期在 12 个月以上的，应采用可调价格；工程量不能准确算出的项目，可采用固定综合单价合同。

（3）招标文件中应明确工程的计价原则、结算原则、采用的规范。

（4）质量标准必须达到国家施工验收规范合格标准。

（5）招标文件中的建设工期应参照国家或地方颁发的工期定额来确定，如果要求的工期比工期定额缩短 20%以上（含 20%）的，应计算赶工措施费。

（6）因施工单位原因造成不能按时交验的工程，施工单位应补偿给建设单位带来的损失，在文件中应该明确处罚的条款。

（7）文件中应明确保险金的金额（不超过造价的 2%，不超过 80 万元），如提交履约担保为银行出具的银行保函，应为合同价格的 5%。

（8）材料或设备采购、运输、保管的责任应在招标文件中明确，如建设单位提供材料，应明确各材料型号、交货地点及结算扣款方式。

（9）工程量清单应该按《建设工程工程量清单计价规范》GB 50500—2013 统一项目编码、项目划分、计量单位、项目特征、工程量计算规则，根据施工图纸计算工程量。

4. 招标文件的审查流程

招标文件由招采专业咨询工程师组织审查，经其他专业咨询工程师复核、总咨询师审批，报建设单位批准后执行。

5. 审核表格

审核表格参见附录 5-3　招标文件 / 合同审核表。

5.4.3　合同的审查

1. 合同审查的主要内容

合同审查宜在招标文件编制阶段进行，主要包括合同条件和承包范围、价款、质量、工期、变更等主要条款，保证合同的合法、完备、执行效率。

2. 合同审查注意事项

合同审查应注意以下几点：

（1）是否使用示范合同文本。

（2）合同生效及条款的合法性。

（3）组成合同的各文件是否齐全，如水文地质资料、技术设计文件等。

（4）合同条款是否齐全完整，不漏项。

（5）合同条款尤其是双方权责条款（含隐含的条款）是否明确具体、对等，是否有保护条款。

（6）合同前后文一致，条款之间相互联系，不矛盾。

（7）合同语言是否准确，连贯，便于理解。

（8）合同风险是否可控。

3. 合同条款约定

合同条款应对下列问题进行约定：

（1）合同计价方式的选择。

（2）主要材料、设备的供应和采购方式。

（3）预付工程款的数额、支付时限及抵扣方式。

（4）安全文明施工措施的支付计划、使用要求等。

（5）工程计量与支付工程进度款的方式、数额及时间。

（6）工程价款的调整因素、方法、程序及支付时间。

（7）合同解除的价款结算与支付方式。

（8）工程暂估材料的采购程序及单价的确定方法。

（9）工程变更、工程索赔、工程签证的程序及价款确认与支付时间。

（10）发生工程价款纠纷的解决方式和时间。

（11）承担风险的内容、范围以及超出约定范围和幅度的调整办法。

（12）工程竣工价款结算编制与核对、支付及时间。

（13）工程质量保证金的数额、预扣方式及时间。

（14）与履行合同、支付款项有关的其他内容。

4. 合同文件的审查流程

合同由招标采购专业咨询工程师组织审查，经其他专业咨询工程师复核、总咨询师审批，报建设单位批准后执行。

5. 审核表格

审核表格参见附录 5-3　招标文件 / 合同审核表。

5.5　开工准备阶段咨询服务

开工准备阶段咨询服务包括下列工作：场内迁改管理、三通一平验收与移交、开工报审管理、监理单位准备工作核查、第一次工地会议、设计文件管理等。

开工准备阶段咨询服务应形成下列咨询成果文件：《××迁改管理审批表》及完成

验收文件、三通一平验收移交表、开工报审管理及附件、监理单位准备工作核查表、第一次工地会议纪要及签到表、咨询单位图纸会审纪要及设计优化。

5.5.1　场内迁改管理

1. 场内迁改管理的内容

场内迁改包括建筑物拆除、绿化、燃气、给水、雨水、污水、通信、电力、热力等迁改。

2. 场内迁改审批

专业咨询工程师对现场绿化、燃气、给水、雨水、污水、通信、电力、热力需迁改的工程量进行统计，填报迁改审批表（见附录 5-4　绿化迁改审批表、附录 5-5　燃气迁改审批表），经总咨询师审核签字，并报建设单位项目负责人批准。

3. 工作流程

场内迁改管理工作流程如图 5-4 所示。

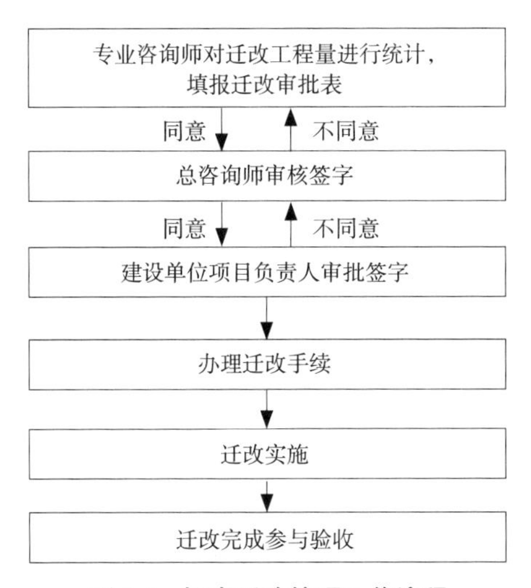

图 5-4　场内迁改管理工作流程

5.5.2　三通一平验收与移交

1. 临时用水（用电）申请及报装

专业咨询工程师根据项目设计情况、结合施工生产区及生活办公区用水（用电）预计量，估算施工所需的临时用水（用电）量，填写临时用水（用电）报装审批表（见附录 5-6　临时用水（用电）报装审批表），经总咨询师审核签字，并报建设单位项目负责人批准。

2. 道路开口申请

专业咨询工程师根据工程项目批准文件、工程项目规划许可证对道路拟开口位置进行实地测量，并填报城市道路开口审批表（见附录5-8　城市道路开口审批表），经总咨询师审核签字，并报建设单位项目负责人批准。

3. 三通一平验收与移交

三通一平完成后，工程管理部应组织施工单位、监理单位进行验收及移交，并填写三通一平验收移交表（见附录5-9　三通一平验收移交表），各方签字盖章。

4. 工作流程

三通一平验收与移交工作流程如图5-5所示。

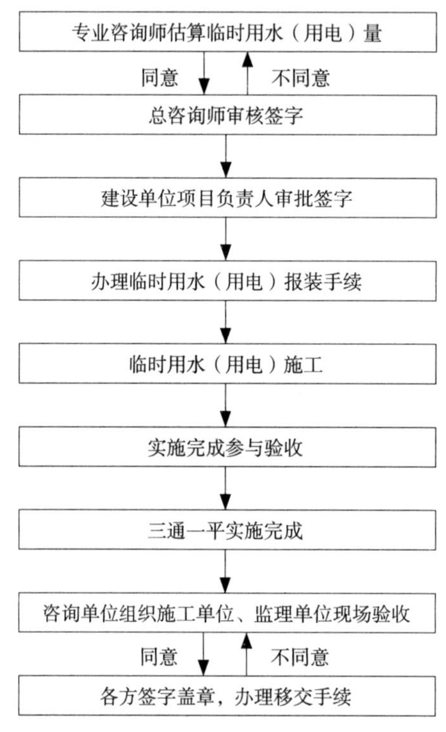

图5-5　三通一平验收与移交工作流程

5.5.3　开工报审管理

工程开工报审管理要点如下：

（1）总咨询师应组织专业咨询工程师对工程开工报审程序进行核查，见附录5-10　工程开工报审表。开工条件审批包括施工组织机构及管理制度建立健全、施工组织设计已审批、临建设施已完成并验收、主要施工机械已安装验收、施工人员及主要材料已到位、三通一平已满足开工要求等。

（2）施工单位项目经理部组织情况核查，包括项目经理、技术负责人等主要管理人员应按照投标文件、合同约定到场，如有变更应及时办理变更手续。

（3）质量保证体系、安全保证体系、各项管理制度是否健全。

（4）施工现场临时建筑设施搭设应符合当地相关规定。

（5）主要机械设备是否满足开工需求。

（6）施工组织设计是否经监理单位审批；当采用非固定总价合同时，应通过全过程工程咨询项目机构组织的技术经济评审。

5.5.4　监理单位准备工作核查

监理单位准备工作核查要点有以下几点：

（1）总咨询师应组织专业咨询工程师对监理单位准备工作进行核查，见附录5-11　监理准备工作核查表。核查内容包括监理组织机构及监理工作制度建立健全、监理设施是否满足监理工作需要、监理规划编制审批等。

（2）监理组织机构应由总监理工程师、总监代表、专业监理工程师、监理员组成，且专业配套、数量满足监理合同及监理工作需要。

（3）监理工作制度制定齐全。

（4）项目监理机构应按监理合同约定，配备满足监理工作需要的检测仪器、规范、图集。

5.5.5　第一次工地会议

工程开工前，全过程工程咨询项目机构协助建设单位主持召开第一次工地会议。第一次工地会议应包括以下主要内容：

（1）建设单位、全过程工程咨询项目机构、施工单位、监理单位分别介绍各自驻场的组织机构、人员及分工。

（2）建设单位对全过程工程咨询项目机构、监理单位管理范围进行授权。

（3）全过程工程咨询项目机构介绍工程开工准备情况（场内迁改、三通一平、开工报建手续办理）。

（4）施工单位介绍施工准备情况。

（5）总咨询师和总监理工程师对施工准备情况提出意见及要求。

（6）总咨询师对监理单位、施工单位进行咨询交底，明确咨询工作目标、范围、内容、程序、措施等内容。

（7）总监理工程师对施工单位进行监理交底，明确监理工作目标、范围、内容、程序、措施等内容。

（8）确定各方在施工过程中参加工程例会的主要人员，召开例会的周期、时间、地点及主要议题。

（9）其他有关事项。

5.5.6 设计文件管理

设计文件管理要点如下：

（1）工程开工前，本工程各专业设计图纸应齐全完整，全过程工程咨询项目机构协助建设单位委托第三方施工图审查机构进行审查，取得图纸审查合格证书。

（2）设计图纸审查合格后，由全过程工程咨询项目机构统一管理，并按合同约定的份数下发施工单位、监理单位，做好签收登记。

（3）图纸会审前，全过程工程咨询项目机构、监理单位、施工单位应各自组织机构主要技术人员熟悉设计文件，了解设计意图，并汇总形成书面意见及建议，通过建设单位提交设计单位，并在图纸会审时由设计单位进行书面答复。

（4）图纸会审和设计交底会议应由建设单位（全过程工程咨询项目机构）组织，设计交底由设计单位整理，图纸会审记录由施工单位整理，并由建设单位、全过程工程咨询项目机构、设计单位、施工单位和监理单位共同会签，加盖单位公章，见附录5-12 设计图纸会审记录。

5.6 招标采购阶段 BIM 技术应用管理

招标采购阶段 BIM 技术应用管理有以下要点：

（1）基于 BIM 模型优化成果的施工标段划分，减少各标段之间的工作冲突，消除传统施工过程中由于工作界面冲突而导致效率低下等问题。

（2）根据 BIM 模型编制准确的工程量清单，达到清单完整、快速算量、精确算量目的，有效避免漏项和错算，最大程度地减少施工阶段因工程量问题而引起的纠纷。

（3）对施工组织设计方案分析，并针对施工过程中的重点和难点加以可视化虚拟施工分析，并在 BIM 数据平台下按时间顺序进行施工方案优化。

（4）快捷地进行施工模拟与资源优化，进而实现资金的合理化使用与计划。

附录 5-1　施工许可阶段申请表

施工许可阶段申请表

<table>
<tr><td>项目名称</td><td colspan="3"></td></tr>
<tr><td>项目代码（选填）</td><td colspan="3"></td></tr>
<tr><td>项目建设单位</td><td colspan="3"></td></tr>
<tr><td>法定代表人</td><td colspan="2">身份证号</td><td>联系电话</td></tr>
<tr><td></td><td colspan="2"></td><td></td></tr>
<tr><td>单位性质</td><td colspan="3">□行政机关　□事业单位　□企业单位　□部队　□其他</td></tr>
<tr><td>组织机构代码证号
或统一信用代码证号</td><td></td><td>邮政编码</td><td></td></tr>
<tr><td>被委托人姓名（选填）</td><td colspan="2">身份证号码</td><td>联系方式</td></tr>
<tr><td></td><td colspan="2"></td><td></td></tr>
<tr><td>建设单位地址</td><td></td><td>用地位置</td><td></td></tr>
<tr><td rowspan="6">申报事项</td><td>市城建局
市重点办</td><td colspan="2">□ 建筑工程施工许可（重点建设项目开工报告）
□ 建设工程消防设计审查</td></tr>
<tr><td>市人防办</td><td colspan="2">□ 防空地下室建设审查批准
□ 防空地下室易地建设审批
□ 城市地下空间开发利用兼顾人防要求建设审查批准</td></tr>
<tr><td>市自来水公司</td><td colspan="2">□新装</td></tr>
<tr><td>× × 供电公司</td><td colspan="2">□新装</td></tr>
<tr><td>× × 燃气</td><td colspan="2">□新装</td></tr>
<tr><td>× × 市热力总公司</td><td colspan="2">□新装</td></tr>
<tr><td>工程名称</td><td></td><td>建设规模</td><td></td></tr>
<tr><td>建设地址</td><td></td><td>工程类别</td><td></td></tr>
<tr><td>建设性质</td><td></td><td>工程用途</td><td></td></tr>
<tr><td>审图完成日期</td><td></td><td>招标方式</td><td></td></tr>
<tr><td>中标日期</td><td></td><td>中标金额（万元）</td><td></td></tr>
<tr><td>结构形式</td><td></td><td>基坑深度（m）</td><td></td></tr>
<tr><td>合同类别</td><td></td><td>合同签订日期</td><td></td></tr>
<tr><td>合同工期
（日历天）</td><td></td><td>合同价格（万元）</td><td></td></tr>
<tr><td>合同开工时间</td><td></td><td>合同竣工时间</td><td></td></tr>
<tr><td>土地证编号（或不
动产权证编号）</td><td></td><td>建设工程规划许可证编号</td><td></td></tr>
</table>

续表

<table>
<tr><td rowspan="3">勘察单位</td><td rowspan="3" colspan="2"></td><td>统一社会信用代码</td><td colspan="2"></td></tr>
<tr><td>项目负责人</td><td colspan="2"></td></tr>
<tr><td>联系电话</td><td colspan="2"></td></tr>
<tr><td rowspan="3">设计单位</td><td rowspan="3" colspan="2"></td><td>统一社会信用代码</td><td colspan="2"></td></tr>
<tr><td>项目负责人</td><td colspan="2"></td></tr>
<tr><td>联系电话</td><td colspan="2"></td></tr>
<tr><td rowspan="3">人防设计单位
（若人防工程由专业设计单位完成，填此项）</td><td rowspan="3" colspan="2"></td><td>统一社会信用代码</td><td colspan="2"></td></tr>
<tr><td>项目负责人</td><td colspan="2"></td></tr>
<tr><td>联系电话</td><td colspan="2"></td></tr>
<tr><td rowspan="4">施工总承包单位
（或工程
总承包单位）</td><td rowspan="4" colspan="2"></td><td>统一社会信用代码</td><td colspan="2"></td></tr>
<tr><td>项目负责人（建造师）</td><td colspan="2"></td></tr>
<tr><td>身份证号码</td><td colspan="2"></td></tr>
<tr><td>联系电话</td><td colspan="2"></td></tr>
<tr><td rowspan="4">监理单位</td><td rowspan="4" colspan="2"></td><td>统一社会信用代码</td><td colspan="2"></td></tr>
<tr><td>总监理工程师</td><td colspan="2"></td></tr>
<tr><td>身份证号码</td><td colspan="2"></td></tr>
<tr><td>联系电话</td><td colspan="2"></td></tr>
<tr><td rowspan="4">人防监理单位（若人防工程由专业监理单位完成，填此项）</td><td rowspan="4" colspan="2"></td><td>统一社会信用代码</td><td colspan="2"></td></tr>
<tr><td>总监理工程师</td><td colspan="2"></td></tr>
<tr><td>身份证号码</td><td colspan="2"></td></tr>
<tr><td>联系电话</td><td colspan="2"></td></tr>
<tr><td colspan="6">建筑工程项目明细</td></tr>
<tr><td rowspan="5">建筑工程名称</td><td colspan="3">建筑面积 / 长度（m^2/m）</td><td colspan="2">层数</td></tr>
<tr><td>地上</td><td colspan="2">总建筑面积</td><td>地上</td><td>地下</td></tr>
<tr><td></td><td colspan="2"></td><td></td><td></td></tr>
<tr><td></td><td colspan="2"></td><td></td><td></td></tr>
<tr><td></td><td colspan="2"></td><td></td><td></td></tr>
<tr><td>合计</td><td></td><td colspan="2"></td><td></td><td></td></tr>
</table>

续表

<table>
<tr><th colspan="7">市政工程项目明细</th></tr>
<tr><th>市政工程名称</th><th colspan="4">建设内容</th><th colspan="2">工程造价（万元）</th></tr>
<tr><td rowspan="4"></td><td colspan="4">桥梁：</td><td rowspan="4" colspan="2"></td></tr>
<tr><td colspan="4">道路：</td></tr>
<tr><td colspan="4">雨水、污水：</td></tr>
<tr><td colspan="4">……</td></tr>
<tr><th colspan="7">人防工程项目明细</th></tr>
<tr><td rowspan="5">防空地下室建设审查批准（地下空间开发利用兼顾人防要求建设审查批准）</td><td>应建防空地下室面积（m²）</td><td></td><td>设计防空地下室面积（m²）</td><td></td><td>人防工程位置</td><td></td></tr>
<tr><td>防空地下室功能</td><td>防空地下室面积（m²）</td><td>防护级别</td><td>防化等级</td><td colspan="2">平时功能</td></tr>
<tr><td>第一防护单元</td><td></td><td></td><td></td><td colspan="2"></td></tr>
<tr><td>第二防护单元</td><td></td><td></td><td></td><td colspan="2"></td></tr>
<tr><td colspan="6">……</td></tr>
<tr><td rowspan="3">防空地下室易地建设审批</td><td>易地建设防空地下室面积（m²）</td><td colspan="2"></td><td>应征缴易地建设费金额（万元）</td><td colspan="2"></td></tr>
<tr><td colspan="6">申请易地建设的原因（在以下五条原因中画“√”标注）：
（ ）1. 采用桩基且桩基承台顶面埋置深度小于 3m（或不足规定的地下室空间净高）的；
（ ）2. 按规定指标应建防空地下室的面积只占地面建筑面积首层的局部，结构和基础处理困难，且经济很不合理的；
（ ）3. 建在流沙、暗河、基岩埋深很浅等地段的项目，因地质条件不适于修建的；
（ ）4. 因建设地段房屋或地下管道设施密集，防空地下室不能施工或难以采取措施保证施工安全的；
（ ）5. 应配建人防工程面积小于一个防护单元（1000m²），且建设单位提出缴纳易地建设费申请的</td></tr>
<tr><td>免建防空地下室</td><td colspan="5">（ ）工业厂房及生产性配套设施</td></tr>
</table>

续表

用水报装申请填写明细			
用 水 性 质	□居民生活用水	□非居民生活用水	□特种行业用水
收取资料清单	□产权所有人或法人委托书		

高压客户用电登记表			
业务类型	□新装　　□增容　　□临时用电		
用电类别	□工业　　□非工业　　□商业　　□农业　　□其他		
第一路电源容量	________千瓦	原有容量:________千伏安	申请容量:________千伏安
第二路电源容量	________千瓦	原有容量:________千伏安	申请容量:________千伏安
自备电源	□有　□无	容量:________千瓦	
非线性负荷		□有　　□无	
供电企业填写	受理人:		申请编号:
	受理日期:		

燃气报装信息采集明细	
一、居民客户	
(一)报装户数	
(二)报装范围(楼号)	
(三)是否含有小户型□是(　　户)□否;是否含有公/廉租房□是(　　户)□否; 是否含有安置房□是(　　户)□否;是否含有庭院预留　□是　　□否	
二、工业用户、商业用户待用气设备及技术参数、图纸资料齐全后报装	

热力报装信息采集明细			
项目概况	□居民类在建　□居民类既有　□公建类在建　□公建类既有　(勾选)		
项目分期	该项目共分:________期开发;	本次申请为________期	
建筑层高	层高最大值:________层;层高最大值:________m		
拟用热时间		热费缴纳	□按面积　□按计量　(勾选)

楼栋基本信息								
序号			1	2	3		小计	合计
楼 号								
楼栋标准	单元							
	层数							
	户数							
用热面积(m^2)	民用							
	其他							

续表

分区及负荷	高区	建筑面积（m^2）						
		热负荷（kW）						
	中区	建筑面积（m^2）						
		热负荷（kW）						
	低区	建筑面积（m^2）						
		热负荷（kW）						
备注	（请在此栏内补充说明该小区基本情况及施工进度，并注明该项目是否存在 loft 户型，在出售时是否向业主赠送面积，如有赠送，请说明该面积是否采暖。如项目楼栋数较多，楼栋基本信息部分可附表说明，并加盖公章。）							

送达方式		□自行取件　　□邮寄送达	
邮寄地址		收件人	联系电话

根据有关法律规定，申请人应如实提交有关材料和反映真实情况，并对申请材料实质内容的真实性负责。以虚报、瞒报、造假等不正当手段取得批准文件的，将依法予以撤销	我单位已阅知有关填写须知，并承诺对申报材料及数据的准确性（含电子文件与图纸等纸质材料的一致性）负责，自愿承担虚报、瞒报、造假等不正当行为而产生的一切法律责任 （单位盖章）	
	法定代表人 （或被委托人）签名	
	日　　期	

附录 5-2　工程量清单 / 招标控制价审核表

工程量清单 / 招标控制价审核表

项目名称：

序号	审核主要内容	是否满足	修改意见	备注
1	是否符合清单计价规范、计价文件规定			
2	是否符合拟定的招标文件			
3	是否符合设计、水文地质文件			
4	是否符合标准、规范，常规施工方案			
5	各项取费文件是否符合规定			
6	综合单价组价定额是否适用			
7	工程量计算是否正确			
8	人材机价格是否采用信息价，选取市场价格依据来源			
9	其他有关内容			
造价专业咨询工程师： 其他专业咨询工程师： 总咨询师：				
建设单位审批意见：				

附录 5–3　招标文件 / 合同审核表

招标文件 / 合同审核表

项目名称：

序号	审核主要内容	是否满足	修改意见	备注
1	是否符合国家法律法规规定			
2	是否体现招标采购项目的特点和需求			
3	是否依法设定投标资格资质条件			
4	实质性要求和否决投标的情形是否明确			
5	评标办法是否合理、无漏洞			
6	内容应完整、前后一致，语言规范、简练			
7	合同计价方式选择			
8	工程计量及付款方式			
9	其他			
造价专业咨询工程师： 其他专业咨询工程师： 总咨询师：				
建设单位审批意见：				

附录 5–4 绿化迁改审批表

绿化迁改审批表

<table>
<tr><td>工程名称</td><td colspan="6"></td></tr>
<tr><td>工程地址</td><td colspan="6"></td></tr>
<tr><td colspan="7">绿化迁改清单</td></tr>
<tr><td colspan="6">移植树木</td><td rowspan="10">可另附清单</td></tr>
<tr><td>树种</td><td></td><td></td><td></td><td></td><td></td></tr>
<tr><td>胸径（1.3m 高直径）</td><td></td><td></td><td></td><td></td><td></td></tr>
<tr><td>株数</td><td></td><td></td><td></td><td></td><td></td></tr>
<tr><td colspan="6">砍伐树木</td></tr>
<tr><td>树种</td><td></td><td></td><td></td><td></td><td></td></tr>
<tr><td>胸径（1.3m 高直径）</td><td></td><td></td><td></td><td></td><td></td></tr>
<tr><td>株数</td><td></td><td></td><td></td><td></td><td></td></tr>
<tr><td colspan="6">临时占用、移除绿地</td></tr>
<tr><td>面积（㎡）</td><td colspan="2"></td><td>期限</td><td colspan="2"></td></tr>
<tr><td>附图</td><td colspan="6">附：1. 绿地、树木位置图（1∶1000 或 1∶500 电子信息图）
2. 依据材料、现场（公示）照片
年　　月　　日</td></tr>
<tr><td colspan="7">填报说明：

专业咨询工程师：
年　　月　　日</td></tr>
<tr><td colspan="7">审核意见：

全过程工程咨询项目机构：　　　　总咨询师：
年　　月　　日</td></tr>
<tr><td colspan="7">审批意见：

建设单位：
项目负责人：
年　　月　　日</td></tr>
</table>

附录 5–5　燃气迁改审批表

燃气迁改审批表

<table>
<tr><td>工程名称</td><td colspan="3"></td></tr>
<tr><td>工程地址</td><td colspan="3"></td></tr>
<tr><td colspan="4">申请燃气设施改动内容</td></tr>
<tr><td>设施名称</td><td></td><td>改动类别</td><td>□拆除；□改造；□迁移；□其他</td></tr>
<tr><td>改动原因</td><td colspan="3"></td></tr>
<tr><td colspan="2">原有设施概况</td><td colspan="2">设施拟改动情况</td></tr>
<tr><td>原位置（地址）</td><td></td><td>位置（地址）</td><td></td></tr>
<tr><td>燃气设施改动
具体内容描述</td><td colspan="3"></td></tr>
<tr><td colspan="4">填报说明：
专业咨询工程师：
年　月　日</td></tr>
<tr><td colspan="4">审核意见：
全过程工程咨询项目机构：
总咨询师：
年　月　日</td></tr>
<tr><td colspan="4">审批意见：
建设单位：
项目负责人：
年　月　日</td></tr>
</table>

附录 5–6　临时用水（用电）报装审批表

临时用水（用电）报装审批表

<table>
<tr><td>工程名称</td><td></td></tr>
<tr><td>工程地址</td><td></td></tr>
<tr><td colspan="2">临时用水（用电）报装总量（L/S、kVA）</td></tr>
<tr><td>计算书及说明</td><td></td></tr>
<tr><td colspan="2">填报说明：

专业咨询工程师：
年　　月　　日</td></tr>
<tr><td colspan="2">审核意见：

全过程工程咨询项目机构：
总咨询师：
年　　月　　日</td></tr>
<tr><td colspan="2">审批意见：

建设单位：
项目负责人：
年　　月　　日</td></tr>
</table>

附录 5–7　给水排水迁改审批表

给水排水迁改审批表

<table>
<tr><td>工程名称</td><td colspan="3"></td></tr>
<tr><td>工程地址</td><td colspan="3"></td></tr>
<tr><td colspan="4">申请给水排水设施改动内容</td></tr>
<tr><td>设施名称</td><td></td><td>改动类别</td><td>□拆除；□改造；□迁移；□其他</td></tr>
<tr><td>改动原因</td><td colspan="3"></td></tr>
<tr><td colspan="2">原有设施概况</td><td colspan="2">设施拟改动情况</td></tr>
<tr><td>原位置（地址）</td><td></td><td>位置（地址）</td><td></td></tr>
<tr><td>施工方案及示意图</td><td colspan="3"></td></tr>
<tr><td colspan="4">填报说明：

专业咨询工程师：
年　　月　　日</td></tr>
<tr><td colspan="4">审核意见：

全过程工程咨询项目机构：
总咨询师：
年　　月　　日</td></tr>
<tr><td colspan="4">审批意见：

建设单位：
项目负责人：
年　　月　　日</td></tr>
</table>

附录 5-8　城市道路开口审批表

城市道路开口审批表

<table>
<tr><td>工程名称</td><td></td></tr>
<tr><td>工程地址</td><td></td></tr>
<tr><td>道路开口批准文号</td><td></td></tr>
<tr><td>开口位置附图及说明</td><td></td></tr>
<tr><td colspan="2">填报说明：
专业咨询工程师：
年　　月　　日</td></tr>
<tr><td colspan="2">审核意见：
全过程工程咨询项目机构：
总咨询师：
年　　月　　日</td></tr>
<tr><td colspan="2">审批意见：
建设单位：
项目负责人：
年　　月　　日</td></tr>
</table>

附录 5-9 三通一平验收移交表

三通一平验收移交表

<table>
<tr><td colspan="2">工程名称</td><td colspan="2"></td></tr>
<tr><td colspan="2">工程地址</td><td colspan="2"></td></tr>
<tr><td colspan="2">建设单位</td><td colspan="2"></td></tr>
<tr><td colspan="2">全过程工程咨询项目机构</td><td colspan="2"></td></tr>
<tr><td colspan="2">监理单位</td><td colspan="2"></td></tr>
<tr><td colspan="2">施工单位</td><td colspan="2"></td></tr>
<tr><td colspan="2">验收移交项目</td><td colspan="2">验收情况</td></tr>
<tr><td colspan="2">水通：水源已接入红线内，出水量符合报装要求</td><td colspan="2"></td></tr>
<tr><td colspan="2">电通：现场箱变已通电，供电量符合报装要求</td><td colspan="2"></td></tr>
<tr><td colspan="2">路通：现场主入口与城市主干道道路已接通，满足材料、设备运输要求</td><td colspan="2"></td></tr>
<tr><td colspan="2">场地平整：现场障碍物已清除，满足施工开工条件</td><td colspan="2"></td></tr>
<tr><td colspan="2">坐标基准点：X________Y________</td><td colspan="2"></td></tr>
<tr><td colspan="2">高程：__________________</td><td colspan="2"></td></tr>
<tr><td>建设单位：

现场代表：

年 月 日</td><td>全过程工程咨询项目机构：

专业咨询工程师：

年 月 日</td><td>监理项目机构：

监理工程师：

年 月 日</td><td>施工项目经理部：

现场经理：

年 月 日</td></tr>
</table>

附录 5-10　工程开工报审表

工程开工报审表

工程名称：

<table>
<tr><td colspan="2">致：______________________（建设单位）
______________________（全过程工程咨询项目机构）
______________________（项目监理机构）

由我单位承接的 ______________________ 工程，已完成施工准备工作，具备开工条件，申请于 ____ 年 ____ 月 ____ 日开工，请予以审批。

附件：证明文件资料
施工单位（盖章）
项目经理（签字）
年　月　日</td></tr>
<tr><td colspan="2">审核意见：

项目监理机构（盖章）
总监理工程师（签字）
年　月　日</td></tr>
<tr><td>审批意见：

全过程工程咨询项目机构（盖章）
总咨询师（签字）
年　月　日</td><td>审批意见：

建设单位（盖章）
项目负责人（签字）
年　月　日</td></tr>
</table>

附录 5-11　监理准备工作核查表

监理准备工作核查表

工程名称		监理单位	
核查人		日　　期	
核查内容：		符合	不符合
1	监理组织机构健全，总监、总监代表、主要专业监理工程师与投标文件、监理合同相符		
2	监理管理制度建立健全		
3	监理办公设施独立齐全，配备基本的检测工具，适合本工程的标准、规范、图集		
4	监理规划已审批，专业监理实施细则与工程进展同步		
5	监理合同约定的其他内容		
……			
核查结论：			
专业咨询工程师：		部门负责人：	

附录 5-12　设计图纸会审记录

设计图纸会审记录（一）

编号：

<table>
<tr><td>工程名称</td><td colspan="2"></td><td>设计单位</td><td></td></tr>
<tr><td>建设单位</td><td colspan="2"></td><td>咨询单位</td><td></td></tr>
<tr><td>施工单位</td><td colspan="2"></td><td>监理单位</td><td></td></tr>
<tr><td>会审地点</td><td colspan="2"></td><td>会审时间</td><td></td></tr>
<tr><td>会审图纸名称</td><td colspan="4"></td></tr>
<tr><td rowspan="3">参加会审人员签字及单位盖章</td><td colspan="2">（监理单位）
参加人：
日　期：</td><td colspan="2">（施工单位）
参加人：
日　期：</td></tr>
<tr><td colspan="2">（全过程工程咨询单位）
参加人：
日　期：</td><td colspan="2">（设计单位）
参加人：
日　期：</td></tr>
<tr><td colspan="2">（建设单位）
参加人：
日　期：</td><td colspan="2">（　　）
参加人：
日　期：</td></tr>
</table>

设计图纸会审记录（二）

序号	审图情况	处理意见

记录员：

第6章 建设工程实施阶段咨询服务

6.1 施工阶段的质量控制管理

6.1.1 对监理单位的履约管理

专业咨询工程师应跟踪检查项目监理机构的履约情况，记录检查结果，明确检查结论，并报部门负责人。当出现不符合要求的情况时，由部门负责人发出整改通知，监理单位需回复。检查表、整改通知及回复应归档留存。检查内容见表6-1。

审查/检查/验收记录表 **表6-1**

项目名称			单位名称	
审查/检查/验收人			日期	
审查/检查/验收内容：跟踪检查项目监理组织机构的执行情况			符合	不符合
1	实施过程人员数量及资质是否满足工作需求和符合要求			
2	人员素质及工作能力是否满足要求			
3	监理质量控制工作是否正常运转			
审查/检查/验收结论：				
专业咨询工程师：		部门负责人：		

6.1.2 对施工单位的履约管理

专业咨询工程师组织对施工单位进行履约检查，记录检查结果，明确检查结论，并报部门负责人。当出现不符合要求的情况时，由部门负责人发出整改通知，施工单位整改完成经监理复核合格后书面回复。检查表、整改通知及回复应归档留存。检查内容见表6-2。

审查 / 检查 / 验收记录表　　　　　　**表 6-2**

编号：

<table>
<tr><td colspan="2">项目名称</td><td></td><td>单位名称</td><td colspan="2"></td></tr>
<tr><td colspan="2">审查 / 检查 / 验收人</td><td></td><td>日期</td><td colspan="2"></td></tr>
<tr><td colspan="4">审查 / 检查 / 验收内容：施工单位质保体系执行情况</td><td>符合</td><td>不符合</td></tr>
<tr><td>1</td><td colspan="3">实施过程管理人员数量满足各部门工作需求，资质符合要求</td><td></td><td></td></tr>
<tr><td>2</td><td colspan="3">人员素质及工作能力满足要求</td><td></td><td></td></tr>
<tr><td>3</td><td colspan="3">施工及质量控制工作正常运转</td><td></td><td></td></tr>
<tr><td colspan="6">审查 / 检查 / 验收结论：</td></tr>
<tr><td colspan="3">专业咨询工程师：</td><td colspan="3">部门负责人：</td></tr>
</table>

6.1.3　对材料质量的过程管理

1. 材料样品的封样管理

应封存样品的材料：认质认价的材料；施工单位投标时报送建设单位的材料样品（如果有）；甲方提供的材料；为保证装饰效果，设计师在图纸中明确须由其确认材质、规格、颜色的材料等。

封样标签示例见表 6-3。

封样标签示例表　　　　　　**表 6-3**

编号：

<table>
<tr><td>工程名称</td><td colspan="3"></td></tr>
<tr><td>送样单位</td><td></td><td>送样日期</td><td></td></tr>
<tr><td>样品生产厂家</td><td></td><td>封样日期</td><td></td></tr>
<tr><td>样品名称及品牌</td><td></td><td>使用部位</td><td></td></tr>
<tr><td>样品规格及型号</td><td></td><td>封样形式</td><td></td></tr>
<tr><td>施工单位 / 供货商</td><td>（签字盖章）</td><td>设计单位</td><td>（签字盖章）</td></tr>
<tr><td>监理单位</td><td>（签字盖章）</td><td>建设单位 / 咨询单位</td><td>（签字盖章）</td></tr>
</table>

专业咨询工程师应监督封样管理制度的执行。

2. 对重要材料、设备、构配件进场的质量验收工作

必要时，专业咨询工程师应参加监理组织的联合验收，协助建设单位给出相关验收意见。当出现不符合要求的情况时，督促监理做出下步处理。

6.1.4 施工质量的过程管理

1. 样板或首件进行验收

施工项目应执行样板制或首件制。专业咨询工程师应参加监理组织的样板或首件联合验收，协助建设单位给出相关验收意见和整改要求。验收记录表应归档留存。验收内容见表 6-4。

审查 / 检查 / 验收记录表 表 6-4

<table>
<tr><td colspan="2">项目名称</td><td></td><td>单位名称</td><td colspan="2"></td></tr>
<tr><td colspan="2">审查 / 检查 / 验收人</td><td></td><td>日期</td><td colspan="2"></td></tr>
<tr><td colspan="4">审查 / 检查 / 验收内容：对样板或首件的验收</td><td>符合</td><td>不符合</td></tr>
<tr><td>1</td><td colspan="3">符合设计要求</td><td></td><td></td></tr>
<tr><td>2</td><td colspan="3">符合施工质量验收规范要求</td><td></td><td></td></tr>
<tr><td>3</td><td colspan="3">符合施工方案要求（操作工艺、验收要求）</td><td></td><td></td></tr>
<tr><td>4</td><td colspan="3">符合合同质量要求</td><td></td><td></td></tr>
<tr><td colspan="6">审查 / 检查 / 验收结论：</td></tr>
<tr><td colspan="3">专业咨询工程师：</td><td colspan="3">部门负责人：</td></tr>
</table>

2. 验槽及分部工程的验收

总咨询师应协助建设单位参加验槽及分部工程的验收，并提出咨询意见。

6.1.5 设计变更、现场签证的管理

设计变更、现场签证的管理详见实施阶段造价咨询相关流程。

6.1.6 工程质量问题及事故管理

全过程工程咨询项目机构应判断质量问题的严重程度。

（1）一般工程质量问题：由监理单位按程序进行处理，合格后报咨询单位复核。

（2）质量事故：协助建设单位参加事故调查，并提出专业咨询意见。

6.1.7　每月质量总结

部门负责人编写月度咨询月报质量专篇。

6.2　施工阶段的进度控制管理

6.2.1　编制项目《施工阶段总控进度计划》

咨询项目机构进场后即编制《施工阶段总控进度计划》。在总承包单位进场后，施工单位应根据总控计划编制施工总进度计划，并完善和动态管理总控进度计划。

本计划内应体现施工节点计划、专业工程深化设计完成节点计划、甲招专业分包招标和进场节点计划、甲方供应材料及设备招标和进场节点计划、配套建设计划等。由部门负责人组织编写，报总咨询师同意并签署后报业主，业主同意并签署后执行。

6.2.2　对监理单位进度控制工作的管理

专业咨询工程师应审查监理单位编制的进度控制措施，并监督执行。由专业咨询工程师进行审查，记录审查结果，并给出审查结论，审查情况报部门负责人。当出现不符合要求的情况时，由部门负责人进行下步处理，发出整改通知，整改单位需回复。审查记录表、整改通知及回复应归档留存。审查内容见表 6-5。

审查 / 检查 / 验收记录表　　　　表 6-5

项目名称			单位名称	
审查 / 检查 / 验收人			日期	
审查 / 检查 / 验收内容：监理单位编制的进度控制方案			符合	不符合
1	控制目标			
2	进度计划分解			
3	控制方法及措施			
4	工作流程			
5	可操作性			
审查 / 检查 / 验收结论：				
专业咨询工程师：			部门负责人：	

注：本表一式两份，有关单位各执一份。

专业咨询工程师参加每周监理例会，对里程碑节点进行检查和点评，内容记入《监理例会会议纪要》。

6.2.3 停工、复工及工期变更管理

专业咨询工程师应协助建设单位组织处理停工、复工及工期变更事宜，并提出专业咨询意见，报建设单位决策。

6.2.4 每月末对进度进行分析总结

部门负责人编写咨询月报进度专篇。

6.3 施工阶段的安全生产管理

专业咨询工程师应对参建单位安全保证体系运行情况进行评估，对其履行法定安全职责情况提出改进意见。

安全隐患的管理的内容主要有针对日常巡视中发现存在的安全隐患，向施工单位、监理单位发出整改通知，由监理单位督促施工单位落实整改。

6.4 施工阶段的协调管理

6.4.1 策划现场用地计划，划分各项目间管理界面

（1）专业咨询工程师需评审总承包单位的施工平面布置图，确定是否适合施工场地平面总体规划，必要时进行协调修改；

（2）对于群体项目，专业咨询工程师需编制《现场平面划分图》，统筹策划施工用地，协调各施工单位间的场地管理界面。

6.4.2 对设计单位交图管理

以《工作联系单》形式督促设计单位按《实施阶段总控进度计划》确定的时间节点按时提交施工图纸。

6.4.3 工程管理会议

由部门负责人组织、主持召开会议，专业咨询工程师负责整理会议纪要。

6.4.4　专家评审

部门负责人分析、确定需进行专家评审或论证的内容和项目，组织制定专家评审或论证计划，报总咨询师审核批准，组织进行专家的邀请，组织召开专家评审或论证会。

评审或论证计划的内容有评审或论证的内容和项目；评审或论证的原因；需要达到的预期结果；预计召开的时间、地点、主持人；需参加的单位、人员（专家以外）；专家资质要求、数量，其他相关事宜；相关支持资料。

专业咨询工程师在论证会结束后收集整理、归档专家评审资料，论证意见经总咨询师签署同意后发送相关单位。

6.5　施工阶段的造价管理

施工阶段的造价管理是项目全过程造价管理中的重要管控内容，也是投资金额最大、各种未知风险较多、建设过程时间跨度最长的阶段，这一阶段，不可避免地会出现因工程变更、工程签证等因素调整工程价款，使得施工阶段的工程造价不确定因素多，造价管理最难、最复杂的情况。

在施工阶段，全过程工程咨询项目机构应根据建设项目特点，依据设计文件、施工合同文件和有关部门发布的工程造价计量规则、计价依据以及影响工程造价的相关文件，在满足工程质量、工程安全和工程进度要求的前提下，科学制定工程造价控制目标。

为实现施工阶段工程造价的控制目标，全过程工程咨询项目机构的专业咨询工程师（造价）需要做好以下几个方面的工作。

6.5.1　资金使用计划的编制

科学编制的资金使用计划能够及时保障工程计量与结算，能够帮助相关人员预防并处理工程变更与工程签证，合理确定工程造价的总目标值和各阶段目标值，使工程造价控制有据可依。同时，相关人员可据此筹集资金，尽量减少资金占用和利息支出。

1. 编制依据

资金使用计划的编制依据主要有：

（1）施工合同。

（2）设计概算。

（3）施工组织设计（施工进度计划）。

（4）施工图预算。

（5）建设单位资金状况。

（6）《建设项目全过程造价咨询规程》CECA/GC 4—2017。

2. 编制原则

资金使用计划的编制原则主要有以下几点：

（1）根据项目结构由粗到细、由近期及远期、逐期调整的原则编制项目资金使用计划。

（2）根据项目标段的变化、施工组织设计的调整、建设单位资金状况，适时调整项目资金使用计划。

3. 编制步骤与方法

资金使用计划的编制步骤与方法如下：

（1）对比与设计阶段编制的项目资金使用计划是否存在较大偏差，如果存在较大偏差，则应分析原因并向委托人提出相关建议。

（2）资金使用计划应根据项目实施计划编制，并结合已签署的发承包合同适时调整更新。对尚未签署的发承包合同可参照项目概算或目标成本编制。

（3）当期项目资金使用计划中，对于可相对于准确预期的近期（如三个月之内）资金流可以较短的计算周期（如按月度）为单位；对于中远期（如三个月之后）的资金流可适当增加计算周期，如以季度或半年度为单位。

（4）对于经批准的概算或者目标成本占比较大的发承包合同，当合同金额与目标成本发生较大偏差时，应实时调整资金使用计划。

（5）依据项目结构分解方法不同，资金使用计划的编制方法也有所不同。常见的有：①按工程造价构成编制资金使用计划，主要有建筑安装工程费、设备工器具费和工程建设其他费用三部分；②按工程项目组成编制资金使用计划，主要有单项工程资金使用计划、单位工程资金使用计划、分部分项工程资金使用计划等；③按工程进度编制资金使用计划，主要有月度资金使用计划、季度资金使用计划、半年度资金使用计划、年度资金使用计划等。

4. 项目资金使用计划表示例

项目资金使用计划表可参考表 6-6 进行编制。

项目资金使用计划表　　　　**表 6-6**

工程名称：　　　　　　　　　　　　　　　　　　　　　　编制日期：　年　月　日

序号	合同名称	签约合同价	开工日期	计划完工日期	总工期	截至×年×月累计已支付金额	截至×年×月尚需支付金额	工程款支付金额计划			竣工验收完成支付金额	质量保证金
								×年×月	×年×月	×年×月		
一	施工合同											
1												
2												
3												
4												
5												
6												
二	材料设备供应合同											
1												
2												

6.5.2　工程变更、索赔、签证的管理

工程变更、索赔及现场签证与工程费用有着紧密联系，发生工程变更、索赔和现场签证就必然出现工程费用的变化。因此对工程变更、索赔及现场签证的管控是施工阶段造价管理的难点和关键工作。通过合同及现场管理规定来制定详细的工程变更、签证的管控程序，采取具体可行的管理措施，从而合理有效地减少工程变更、现场签证，对项目进度、工程造价、建设环境的影响降至最小、最低。

1. 工程变更管理

（1）工程变更范围和内容。

工程变更是合同履行过程中出现与签订合同时的预计条件不一致的情况，需要改变原定施工承包范围内的某项工作内容，包括工程量变更、工程项目变更（增加或删减工程项目内容）、进度计划变更、施工条件变更等。根据住房和城乡建设部、国家工商行政管理总局发布的《建设工程施工合同（示范文本）》（GF—2017—0201）中的通用条款，工程变更包括以下五个方面：

①增加或减少合同中的任何工作，或追加额外的工作；

②取消合同中的任何工作，但转由他人实施的工作除外；

③改变合同中任何工作的质量标准或其他特性；

④改变工程的基线、标高、位置和尺寸；

⑤改变工程的时间安排或实施顺序。

（2）工程变更审核原则。

全过程工程咨询项目机构对工程变更审核应遵循以下原则：

①审核工程变更的必要性、合理性

全过程工程咨询项目机构对设计人或承包人提出的工程变更，应严格审核变更产生的原因、变更内容、变更是否会对建设工期和工程造价带来较大的变化。

②审核工程变更的合法性、合规性、有效性

全过程工程咨询项目机构应审核工程变更是否按合同约定的变更程序办理设计变更，工程变更审批人是否授权并符合合同约定。

③审核工程变更的可行性、经济性

全过程工程咨询项目机构应对工程变更可能出现的各种风险进行综合评估，看其是否具有实施性。

因工程变更引起的价款调整，应按照合同约定条款计算工程变更价款，合同中没有约定的，发承包双方协商签订补充协议，或者按照《建设工程工程量清单计价规范》GB 50500—2013 以下规定确定变更价款：

①已标价工程量清单中有适用于变更工程项目的，应当采用该项目单价；

②已标价工程量清单中没有适用但有类似于变更工程项目的，可以在合理范围内参照类似项目的单价；

③已标价工程量清单中没有适用也没有类似于变更工程项目的，应由承包人根据变更工程资料、合同约定计量规则和计价办法等组价原则合理提出变更工程项目的价款，经专业咨询工程师（造价）、发包人审查确认后进行调整。

（3）审核程序。

全过程工程咨询项目机构在审核工程变更时要执行严格的变更审查和签发程序，避免不是必须的、任意增加的工程变更，从而为建设单位节约投资，提高工程资金使用效益。工程变更管理程序如图 6-1 所示。

2. 索赔管理

（1）工程索赔的概念。

工程索赔是在施工合同履行中，当事人一方由于另一方未履行合同规定的义务或者出现了应当由对方承担的风险而遭受损失时，向另一方提出赔偿要求的行为。通常情况下，索赔是指承包人在合同履行过程中，对非自身原因造成的工程延期、费用增加而要求建设单位给予补偿损失的一种权利要求，是单方权利的主张。

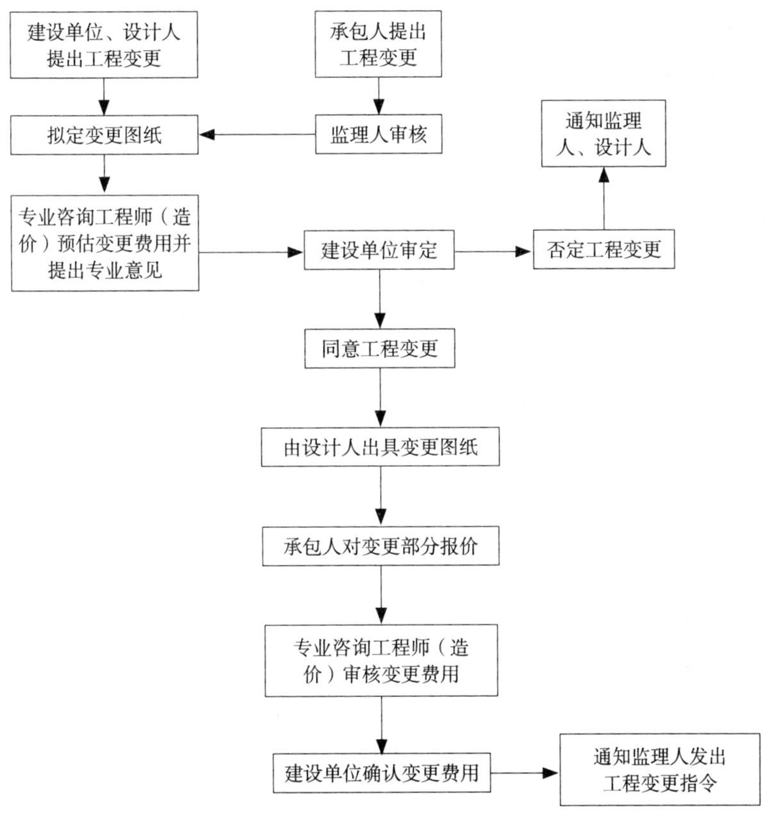

图 6-1　工程变更管理程序

（2）工程索赔的成立条件。

在日常项目管理中，全过程工程咨询项目机构应做好并收集日常施工记录（文档、图片、视频等），如工程现场异常天气情况、大型机械进出场记录、每周施工完成情况、工程会议纪要等相关资料，为可能发生的索赔提供真实有效的证据。

全过程工程咨询项目机构在审核工程索赔是否成立时，应同时符合以下必要条件：

①与合同相比，索赔事件造成了承包人合同价款外的费用增加或工期延期；

②索赔事件是非承包人原因造成的，且按合同约定不属于承包人的风险责任；

③承包人按合同约定的期限和程序提交索赔意向通知书和索赔报告；

（3）工程索赔的审核。

全过程工程咨询项目机构收到工程索赔费用申请报告后，应在施工合同约定的时间内予以审核，并应出具工程索赔费用审核报告或要求申请人进一步补充索赔理由和依据。

全过程工程咨询项目机构对工程索赔的审核应遵循以下原则：

①审核索赔事项的时效性，程序的有效性和相关手续的完整性。

②审核索赔理由的真实性和正当性。

③审核索赔资料的全面性和完整性。

④审核索赔依据的关联性。

⑤审核索赔工期和索赔费用计算的准确性。

（4）索赔程序。

全过程工程咨询项目机构收到承包人提交的索赔通知书后，可以按照发承包合同或者《建设工程工程量清单计价规范》GB 50500—2013等相关索赔程序进行审查处理。

当索赔事件成立时，专业咨询工程师（造价）应在费用（工期）索赔报审表中签署审核意见或出具审核报告，审核意见或审核报告应包括以下内容：

①索赔事项和要求。

②审核范围和依据。

③审核引证的相关合同条款。

④索赔费用审核计算方法。

⑤索赔费用审核计算细目。

3. 现场签证管理

工程签证是指工程发承包双方合同履约过程中出现与合同规定的情况、条件不符的事件时，针对施工图纸、设计变更所确定的工程内容以外，按合同约定对支付各种费用、顺延工期、赔偿损失等协商一致所办理的签认证明，是双方法律行为。

互相书面签认的签证可成为工程结算或最终结算增减工程造价的凭据，因此全过程工程咨询项目机构应该加强签证管理。

全过程工程咨询项目机构在审核工程签证时，应遵循以下原则：

（1）工程签证的必要性和关联性。

专业咨询工程师（造价）审核工程签证时首先应查看合同文件是否符合办理工程签证的条件；其次，应核查是否存在工程指令单、工程联系单等指令性文件，与指令性文件是否具有关联性，不能出现不一致甚至矛盾的现象。

（2）工程签证的真实性。

专业咨询工程师（造价）要对签证的范围、内容等进行核实，看其是否真实存在和发生、是否完全反映实际情况。

（3）工程签证的合法性和合规性。

工程签证必须符合国家相关法律法规。专业咨询工程师（造价）应核实是否符合合同约定的计量规则和计价标准，施工内容和工序是否同工程签证内容一致，签证编号应统一连续。

（4）工程签证的准确性和完整性。

工程签证的工程量或人工、材料、机械的消耗量计算数据要准确，计量单位要规范；

工程签证事由、内容、日期、工程量以及各方负责人签认等实质性内容应明确完整。

6.5.3　询价与核价

在工程建设中，随着科技进步和经济的发展，使用的材料、设备、机械不尽相同，且新材料、新工艺、新设备较多，不同品牌、不同地区、不同规格参数的材料、设备、机械价格差异较大，因此做好材料、设备、机械的询价和核价工作对合理控制投资尤为重要。全过程工程咨询项目机构可以通过网上询价平台、电话询价、市场询价以及同类工程对比询价等方式进行询价与核价。

全过程工程咨询项目机构在确定或调整建筑安装工程的人工费时，应根据合同约定、相关工程造价管理机构发布的信息价格以及市场价格信息进行计算。对于主要材料或者新型材料、设备、机械及专业工程等相关价格的咨询与审核，可以通过网上询价平台、电话询价、市场调查以及同类工程询价等多种方式进行综合对比、科学分析来进行价格计算。

对于因工程变更引起已标价工程清单项目或工程数量变化的，相应的核价工作应按照如下规定进行：

（1）已标价工程量清单中有适用于变更工程项目的，应采用该项目的单价。当工程变更导致清单项目的工程数量发生变化且工程量偏差超过合同约定的幅度时，应按合同约定调整。

（2）已标价工程量清单中没有适用但有类似于变更工程项目的，可在合理范围内参照类似项目价格。

（3）已标价工程量清单中没有适用也没有类似于变更工程项目的，应依据合同相关约定确定变更工程项目的价格。合同没有约定的则应依据变更工程资料、工程量计量规则和计价办法、工程造价管理机构发布的信息价格和承包人报价浮动率确定变更工程项目的价格，并经发包人确认。

对采用工程量清单方式招标的专业工程暂估价、材料设备暂定价，全过程工程咨询项目机构应对后续招标采购和直接采购材料或设备价格提出咨询意见。对于招标采购的，全过程工程咨询项目机构应编制或审核专业工程暂估价的清单和最高投标限价；对于不属于依法必须招标的、直接采购材料或设备的，全过程工程咨询项目机构应通过对三家及以上同等档次并符合要求的材料设备供货商询价、比价，提供审核意见。

全过程工程咨询项目机构应根据国家及行业有关规定、相关职业标准及合同约定，独立进行询价与核价工作。当遇有分歧时，应在委托人和意见分歧单位或相关利益方共同参加的前提下进行讨论，并有权保留自己的专业意见，拒绝其他人员无正当理由修改核价结果的要求，以及完成工作过程的记录。

材料（设备）询价、核价确认表见表6-7。

材料（设备）询价、核价确认表 **表6-7**

工程名称：　　　　　　　　　　　　　　　　　　　　日期：　年　月　日

<table>
<tr><th>序号</th><th>名称</th><th>规格</th><th>品牌厂家</th><th>单位</th><th>报审单价</th><th>市场询价</th><th>确认单价</th><th>备注</th></tr>
<tr><td>1</td><td></td><td></td><td></td><td></td><td></td><td></td><td></td><td></td></tr>
<tr><td>2</td><td></td><td></td><td></td><td></td><td></td><td></td><td></td><td></td></tr>
<tr><td colspan="9">说明：</td></tr>
<tr><td colspan="9">承包人：
年　月　日</td></tr>
<tr><td colspan="9">监理单位：
年　月　日</td></tr>
<tr><td colspan="9">造价咨询单位：
年　月　日</td></tr>
<tr><td colspan="9">建设单位：
年　月　日</td></tr>
</table>

6.5.4　工程计量与合同价款的期中支付

全过程工程咨询项目机构应根据发承包合同中有关工程计量周期及合同价款支付时点的约定，审核工程计量报告与进度款支付申请，并向发包人提交工程计量与进度款支付审核意见。

1. 工程计量

工程计量指发承包双方根据设计图纸、相关技术规范、实体工程以及合同约定的计量方式和计算方法，对承包人已经完成且质量合格的工程实体数量进行计算和确认，做到不超计、不漏计、不重计。工程计量是发包人约束承包人履行合同义务、强化承包人质量管理意识的有效手段，是向承包人支付合同价款的前提和依据。因此工程计量是施工阶段控制工程造价的关键环节。

（1）工程计量的原则。

工程计量的原则应包括下列三个方面：

①不符合合同约定的工程不予计量。即工程必须满足设计图纸、技术规范等合同文件对其在工程质量上的施工和验收要求，同时相关质量控制资料应齐全、完整。

②按合同文件所约定的工程承包范围、计量方式、计算规则和计量周期计量。

③因承包人原因造成的超出合同工程范围施工或返工的工程量，发包人不予计量。

（2）工程计量的依据。

工程计量的主要依据有以下几点：

①发承包合同。

②设计图纸。

③工程变更令及其修订的工程量清单。

④有关计量的补充协议。

⑤现场签证、索赔审核报告。

⑥施工质量证明文件。

⑦国家、行业、地方工程量计算规范与规程。

（3）工程数量核算。

全过程工程咨询人在工程数量核算时，应以合同中分部分项工程为单位，并经承包人、全过程工程咨询人确认无误后，填报《项目工程数量核算表》。主要填报内容包括项目名称、项目编码、项目特征、单位、原已标价工程量清单数量、上期累计工程数量、本期工程数量、截至本期累计工程数量等信息。 项目工程数量核算表见表 6-8。

×××项目工程数量核算表 表 6-8

工程名称： 合同编号： 日期：

序号	项目编码	项目名称	项目特征	单位	原已标价工程量清单工程数量	施工图纸工程数量			备注
						上期累计工程量	本期工程量	截至本期工程量	
1									
2									
……									

承包人： 全过程工程咨询人：

2. 合同价款的期中支付

合同价款的期中支付是指发包人在合同工程施工过程中，按照合同约定对付款周期内承包人完成的合同价款给予支付的款项，也就是合同工程进度款的支付。全过程工程咨询项目机构应根据工程计量结果，按照合同约定的时间、程序和方法，审核承包人提交的支付申请。进度款的支付周期应与合同约定的工程计量周期一致。

合同价款的期中支付计算一般分为单价项目和总价项目。单价项目按工程计量确认的工程量与综合单价计算进度款；综合单价发生调整的，以发承包双方确认调整的综合单价计算进度款。总价项目按工程形象进度计算进度款并按比例支付。

全过程工程咨询项目机构应遵循合同约定并按国家和行业现行相关标准规范审核承包人提交的进度款支付申请，并向发包人提交进度款支付审核意见。审核意见应包括下列主要内容：

（1）工程合同总价款。

（2）期初累计已完成的合同价款及其占合同总价款比例。

（3）期末累计已实际支付的合同价款及其占合同总价款比例。

（4）本期合计完成的合同价款及其占合同总价款比例。

（5）本期合计应扣减的金额及其占合同总价款比例。

（6）本期实际支付的进度款及其占合同总价款比例。

（7）审核说明及建议。

（8）分部分项项目、措施项目、其他项目、规费、税金等工程价款费用清单和汇总表、相关附件。

全过程工程咨询项目机构在项目实施过程中，发现已签发的任何支付证书有错、

漏或重复的数额，经发承包双方复核无误后，应在本次到期的进度款中支付或扣除。工程款支付证书示例见表 6-9。

工程款支付证书示例　　**表** 6-9

工程名称：	日期：
致：＿＿＿＿＿＿（建设单位） 根据发承包合同规定，经审核承包人的付款申请和附件，并扣除有关款项，同意支付工程款共计（大写）＿＿＿＿＿＿（小写）＿＿＿＿＿＿，请按合同规定及时付款。 其中： 1. 承包人申报工程款为：＿＿＿＿＿＿（元） 2. 经审核，承包人应得工程款为：＿＿＿＿＿＿（元） 3. 本期应扣款为：＿＿＿＿＿＿（元） 4. 本期应实付工程款为：＿＿＿＿＿＿（元） 附件： 1. 承包人的工程付款申请表及附件 2. 审查记录	
监理单位意见：	
全过程工程咨询单位意见：	
建设单位意见：	

6.5.5　工程造价动态管理

全过程工程咨询项目机构对工程造价的管理应以市场为中心动态管理，对工程造价管理中所出现的问题应及时分析研究、及时采取纠正措施，重视过程造价管理。

全过程工程咨询项目机构可接受委托进行项目实施阶段的工程造价动态管理，并应提交动态管理咨询报告。工程造价动态管理报告应包括下列内容：

（1）项目批准概算金额（或修正概算金额）。

（2）投资控制目标值。

（3）拟分包合同执行情况及预估合同价款。

（4）已签合同名称和签约合同价款。

（5）暂估价的执行情况。

（6）本期前累计已发生的工程变更和工程签证费用。

（7）本期前累计已实际支付的工程价款及合同总价比例。

（8）本期前累计工程造价与批准概算（或投资控制目标值）的差值。

（9）主要投资偏差情况及产生较大（或重大）投资偏差的原因分析。

（10）按合同约定的市场价格因素波动对项目造价的影响分析。

（11）其他必要的说明、意见和建议等。

全过程工程咨询项目机构编制的工程造价动态管理报告应至少以单位工程为单位对比相应概算，并根据项目需要与委托人商议确定编制周期，编制周期通常以季度、半年度、年度为单位。

全过程工程咨询项目机构应与项目各参与方进行联系与沟通，并动态掌握影响项目工程造价变化的信息情况。对于可能发生的重大工程变更应及时作出其对工程造价影响的分析与预测，并应将可能导致工程造价发生重大变化的情况及时告知委托人。

6.6 施工阶段 BIM 技术应用管理

6.6.1 施工阶段 BIM 应用策划管理

施工阶段 BIM 应用管理应参照《建筑信息模型施工应用标准》GB/T 51235—2017 相关规定执行，各相关方应明确施工 BIM 应用责任、技术要求、人员及设备配置、工作内容、岗位职责、工作进度等。

施工阶段 BIM 应用应覆盖工程项目深化设计、施工实施、竣工验收等施工全过程，也可根据工程项目实际需要应用于某些环节或任务。施工阶段的模型应基于设计阶段交付的模型，并根据 BIM 施工应用需要，创建形成施工模型、专项施工模型等子模型。施工总承包方应负责管理专业分包方的 BIM 应用，并按照施工组织设计要求整合专业分包施工模型在各个施工阶段的 BIM 应用。施工阶段的 BIM 应用应结合工程实施的需求和不同施工阶段的特点进行。施工阶段采用 BIM 技术进行 4D 施工进度模拟，对比现场实际进度，实施调整施工计划，便于对施工情况进行审核。通过 BIM 模型配合传统造价软件进行成本辅助管理，增加项目的可控性，降低造价。将 BIM 模型结合手持终端带入施工现场，通过模拟施工单位上报的施工方案、技术交底及运营方案等，对现场施工质量状况进行检查，便于投资人的管理与监督。

根据项目实际情况建立项目协同管理平台，全过程工程咨询项目机构协调组织各参建方进行项目智慧化、信息化建设，以便为后续数字化运营奠定基础。通过建立协同工作平台，可实现多维度、多参与方的远程管理和协作。在项目施工阶段以 BIM 等技术为核心搭建协同工作平台，应对平台的管理功能和管理权限等进行细分和不断优化，充分发挥平台的管理协作功能。

6.6.2　施工模型 BIM 应用

施工模型可包括深化设计模型、施工过程模型和竣工验收模型。施工模型应根据 BIM 应用相关专业和任务需要创建，其模型细度应满足深化设计、施工过程和竣工验收等任务的要求。施工模型应按统一的规则和要求创建。当按专业或任务分别创建时，各模型应协调一致，并能够集成应用。

深化设计模型应包括土建、钢结构、机电等子模型，支持深化设计、专业协调、施工模拟、预制加工、施工交底等 BIM 应用。

施工过程模型应包括施工模拟、预制加工、进度管理、成本管理、质量与安全管理等子模型，支持施工模拟、预制加工、进度管理、成本管理、质量与安全管理、施工监理等 BIM 应用。

竣工验收模型应基于施工过程模型形成，包含工程变更，并附加或关联相关验收资料及信息，与工程项目交付实体一致，支持竣工验收 BIM 应用。

6.6.3　施工深化设计 BIM 应用

建筑施工中的现浇混凝土结构深化设计、装配式混凝土结构深化设计、钢结构深化设计、机电深化设计等须应用 BIM。

现浇混凝土结构深化设计中的二次结构设计、预留孔洞设计、节点设计、预埋件设计等须应用 BIM。

预制装配式混凝土结构深化设计中的预制构件平面布置、拆分、设计以及节点设计等须应用 BIM。

钢结构深化设计中的节点设计、预留孔洞、预埋件设计、专业协调等须应用 BIM。

机电深化设计中的设备选型、设备布置及管理、专业协调、管线综合、净空控制、参数复核、支吊架设计及荷载验算、机电末端和预留预埋定位等须应用 BIM。

6.6.4　施工模拟 BIM 应用

工程项目施工中的施工组织模拟和施工工艺模拟应用 BIM。施工组织中的工序安排、资源配置、平面布置、进度计划等须应用 BIM。工程项目施工中的土方工程、大型设备及构件安装、垂直运输、脚手架工程、模板工程等施工工艺模拟应用BIM。

在施工组织模拟BIM应用中，可基于施工图设计模型或深化设计模型和施工图、施工组织设计文档等创建施工组织模型，并应将工序安排、资源配置和平面布置等信息与模型关联，输出施工进度、资源配置等计划，指导和支持模型、视频、说明文档等成果的制作与方案交底。

在施工工艺模拟BIM应用中，可基于施工组织模型和施工图创建施工工艺模型，将施工工艺信息与模型关联，输出资源配置计划、施工进度计划等，指导模型创建、视频制作、文档编制和方案交底。

6.6.5 预制加工BIM应用

混凝土预制构件生产、钢结构构件加工和机电产品加工等应应用BIM。混凝土预制构件工艺设计、构件生产、成品管理等应应用BIM。钢结构构件加工中技术工艺管理、材料管理、生产管理、质量管理、文档管理、成本管理、成品管理等应应用BIM。机电产品加工的产品模块准备、产品加工、成品管理等应应用BIM。

在混凝土预制构件生产BIM应用中，可基于深化设计模型和生产确认函、变更确认函、设计文件等创建混凝土预制构件生产模型，通过提取生产料单和编制排产计划形成资源配置计划和加工图，并在构件生产和质量验收阶段形成构件生产的进度、成本和质量追溯等信息。

在钢结构构件加工BIM应用中，可基于深化设计模型和加工确认函、变更确认函、设计文件等创建钢结构构件加工模型；基于专项加工方案和技术标准完成模型细部处理；基于材料采购计划提取模型工程量；基于工厂设备加工能力、排产计划及工期和资源计划完成预制加工模型的批次划分；基于工艺指导书等资料编制工艺文件，并在构件生产和质量验收阶段形成构件生产的进度信息、成本信息和质量追溯信息。

在机电产品加工BIM应用中，可基于深化设计模型和加工确认函、设计变更单、施工核定单、设计文件等创建机电产品加工模型；基于专项加工方案和技术标准完成模型细部处理；基于材料采购计划提取模型工程量；基于工厂设备加工能力、排产计划及工期和资源计划完成预制加工模型的批次划分；基于工艺指导书等资料编制工艺文件，在构件生产和质量验收阶段形成构件生产的进度信息、成本信息和质量追溯信息。

6.6.6 进度管理BIM应用

工程项目施工的进度计划编制和进度控制等须应用BIM。进度计划编制中的工作分解结构创建、计划编制、与进度相对应的工程量计算、资源配置、进度计划优化、进度计划审查、形象进度可视化等须应用BIM。工程项目施工中的实际进度和计划进

度跟踪对比分析、进度预警、进度偏差分析、进度计划调整等须应用 BIM。

在进度计划编制 BIM 应用中，可基于项目特点创建工作分解结构，并编制进度计划；可基于深化设计模型创建进度管理模型；基于定额完成工程量估算和资源配置、进度计划优化，并通过进度计划审查。

在进度控制 BIM 应用中，应基于进度管理模型和实际进度信息完成进度对比分析，并应基于偏差分析结果更新进度管理模型。

6.6.7　造价管理 BIM 应用

工程项目施工中的施工图预算和成本管理等应应用 BIM。施工图预算中的工程量清单项目确定、工程量计算、分部分项计价、工程总造价计算等须应用 BIM。成本管理中的成本计划制定、进度信息集成、合同预算成本计算、三算对比、成本核算、成本分析等应应用 BIM。

在施工图预算 BIM 应用中，应基于施工图设计模型创建施工图预算模型；基于清单规范和消耗量定额确定工程量清单项目，输出招标清单项目、招标控制价或投标清单项目及投标报价单。

在成本管理 BIM 应用中，应基于深化设计模型或预制加工模型以及清单规范和消耗量定额创建成本管理模型，通过计算合同预算成本和集成进度信息，定期进行三算对比、纠偏、成本核算、成本分析工作。

6.6.8　质量与安全管理 BIM 应用

工程项目施工质量管理与安全管理等须应用 BIM。工程项目施工质量管理中的质量验收计划确定、质量验收、质量问题处理、质量问题分析等须应用 BIM。安全管理中的技术措施制定、实施方案策划、实施过程监控及动态管理、安全隐患分析及事故处理等应应用 BIM。

在质量管理 BIM 应用中，应基于深化设计模型或预制加工模型创建质量管理模型；基于质量验收标准和施工资料标准确定质量验收计划，进行质量验收、质量问题处理、质量问题分析工作。

在安全管理 BIM 应用中，应基于深化设计或预制加工等模型创建安全管理模型；基于安全管理标准确定安全技术措施计划，采取安全技术措施，处理安全隐患和事故，分析安全问题。

第7章 竣工验收阶段咨询服务

竣工验收阶段的咨询服务包括下列工作内容：

（1）对建设项目从投资决策、设计勘察、实施阶段形成的过程文件、批复、图纸、声像等资料进行全面收集、整理、汇总。

（2）编制竣工验收计划（确定专项验收完成时间节点、预验收完成时间节点、竣工验收完成时间节点）、审查竣工验收条件；协助建设单位完成竣工验收、竣工结算、竣工移交等全部工作。

（3）项目保修的组织及管理，并监督实施。

竣工验收阶段应形成下列咨询成果文件：

（1）工程档案资料：建设项目从投资决策、设计勘察、实施、竣工验收阶段形成的文字资料、竣工图纸、声像资料等，能够真实反映工程建设情况及实体质量，对建设项目运营管理、项目后评价和设施管理工作提供重要依据和基础。

（2）竣工验收：竣工验收计划、竣工验收方案、竣工验收意见表及整改回复。

（3）竣工结算：竣工结算审核报告及配套明细表。

（4）竣工移交：竣工资料清单目录、竣工档案移交记录、建设工程档案合格证、工程实体移交记录。

（5）项目保修：工程保修合同、工程质量缺陷责任及修复费用审核报告。

7.1 专项验收

建设工程竣工验收前，全过程工程咨询项目机构应协助建设单位做好专项验收，主要包括人防工程竣工验收、建设工程消防验收、建设工程规划验收、防雷装置竣工验收、住宅项目分户验收、建设工程档案专项验收等。

7.2　竣工预验收

7.2.1　核查竣工预验收条件

工程按照施工委托合同约定完成后，由施工单位提出竣工验收申请。全过程工程咨询项目机构应组织监理单位审查竣工验收条件，符合预验收条件的，由监理单位编制预验收方案。

7.2.2　预验收实施

预验收由监理单位总监理工程师组织，分为观感组、实测实量组、资料核查组，各组组长由专业监理工程师担任，建设单位、咨询单位、施工单位主要参建人员参加。各验收组按照预验收方案实施，总监理工程师汇总验收意见，形成统一验收意见，预验收通过的，由监理单位编制《监理质量评估报告》，并签发竣工验收报告，提交咨询单位审查。

竣工预验收过程中存在的问题全部整改完毕，资料齐全、条件具备后，由咨询单位协助建设单位向工程质量监督机构申请组织竣工验收。

7.3　竣工验收

7.3.1　编制竣工验收方案

预验收及各专项验收通过后，由全过程工程咨询项目机构协助建设单位编制或单独编制《工程竣工验收方案》，经建设单位审核同意后加盖建设单位公章。验收方案须经各参建单位项目负责人签字确认。

7.3.2　验收组人员要求

竣工验收组人员由建设、勘察、设计、施工、监理单位在住房城乡建设主管部门备案的项目负责人，勘察、设计、施工、监理等单位的专业负责人，分包单位负责人，施工单位技术、质量负责人组成。各单位在验收前应填写竣工验收参加人员授权书（表），经单位法人书面授权认可。建设单位应当审核各单位参加验收人员授权书，并汇总形成验收组人员组成表。

7.3.3　竣工验收程序

建设单位应当在工程竣工验收 7 个工作日前向工程质量监督机构报送工程竣工验收联系单，将验收时间、地点及验收组名单书面通知工程质量监督机构。

工程竣工验收由建设单位组织，验收会议由建设单位项目负责人主持，全过程工程咨询项目机构协助并参加。全过程工程咨询项目机构验收组由总咨询师、各专业咨询工程师（设计勘察、土建、装饰装修、机电安装、档案管理等专业）组成，全程参与竣工验收，对工程勘察、设计、监理、施工设备安装质量和各管理环节等方面作出全面评价，形成咨询单位工程竣工验收意见。

（1）建设单位核查参加竣工验收人员资格及项目负责人到位情况。

（2）建设单位宣读竣工验收方案，包括汇报工程情况、验收依据、验收条件、验收内容、验收组织、验收结论形成。

（3）建设单位汇报合同履行，执行国家法律、法规和强制性标准情况及工程质量检查报告。

（4）勘察单位汇报合同履行，执行国家法律、法规和强制性标准情况及工程质量检查报告。

（5）设计单位汇报合同履行，执行国家法律、法规和强制性标准情况及工程质量检查报告。

（6） 施工单位汇报合同履行，执行国家法律、法规和强制性标准情况及工程竣工报告。

（7）监理单位汇报合同履行，执行国家法律、法规和强制性标准情况，工程质量评估情况及预验收情况。

（8）各验收小组组长带领组员分别进行工程实体观感质量、实测实量及工程资料检查。

（9）各验收小组组长汇总检查情况，对工程勘察、设计、施工、设备安装质量和各管理环节等方面作出全面评价，并汇总各参验方验收意见，形成工程竣工验收意见。

（10）监理单位根据竣工验收意见，针对存在的问题下发监理通知单，相关责任主体根据监理通知或解决方案进行全面整改。

（11）验收组人员根据工程质量检查情况，对工程勘察、设计、施工、设备安装质量和各管理环节等方面作出全面评价，最终形成工程竣工验收意见，并在《工程竣工验收意见表》等验收记录表上签字并加盖单位公章。

7.4 项目保修管理

7.4.1 保修期服务

项目保修咨询服务工作在项目竣工验收完成后进行。保修期咨询服务应包括下列内容：

（1）协助建设单位与承包人签订工程保修合同，确定质量保修范围、期限、责任与费用的计算方法。

（2）审核承包人制定的项目保修管理制度和保修工作计划。

（3）执行定期回访制度，编制回访报告。

（4）出现工程质量缺陷（或设备故障）时，及时组织建设单位、承包人开展原因分析与调查，出具书面报告，并与建设单位、承包人协商确定责任归属。

（5）对承包人原因造成的工程质量缺陷（或设备故障），出具书面文件要求承包人修复，并监督实施及验收。

7.4.2　保修期满验收

建设工程保修期满时，全过程工程咨询项目机构应协助建设单位组织承包人、监理单位、使用单位进行工程质量保修期到期验收，并提出咨询意见。

保修期满验收记录必须由项目各方同时参与，并签字盖章。

7.5　竣工备案

7.5.1　工作内容

工程竣工验收合格之日起 15 个工作日内，全过程工程咨询项目机构协助建设单位向建设项目所在地县级以上建设行政主管部门备案。

7.5.2　工作流程

竣工备案工作流程如图 7-1 所示。

7.6　竣工移交

项目竣工移交应满足下列要求：

（1）项目竣工移交包括项目竣工档案移交和项目工程实体移交。

（2）竣工归档文件的归档范围及保管期限按《建设工程文件归档规范》GB/T 50328—2014 的规定执行。

7.6.1　项目竣工档案移交

1. 咨询服务内容

项目竣工档案移交咨询服务的主要内容有以下几点：

（1）协助建设单位与城建档案馆签订《建设工程竣工档案移交责任书》。

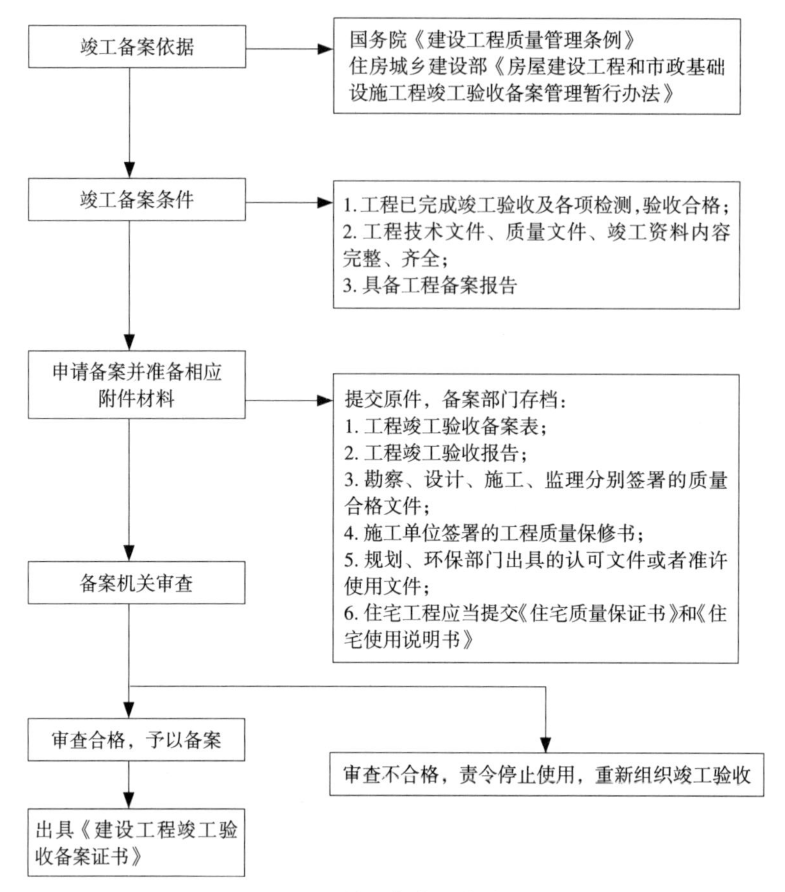

图 7-1 竣工备案工作流程

（2）协助组织各参建单位参加城建档案馆进行的业务指导和技术培训。

（3）组织各参建单位按归档要求对建设项目档案进行收集、整理、汇总。

（4）向城建档案馆提交《建设工程竣工档案预验收申请表》。

（5）城建档案馆对工程档案预验收合格后，各参建单位向城建馆移交建设工程竣工档案，并取得城建档案馆下发的《建设项目档案合格证》。

2. 工作流程

项目竣工档案移交工作流程如图 7-2 所示。

7.6.2 项目工程实体移交

1. 咨询服务工作内容

项目工程实体移交咨询服务工作内容主要有以下几点：

（1）组织各参建单位依照移交内容编制移交计划，明确各项移交工作的主体、移交时间、移交责任人等事项。

（2）组织建设单位、施工单位、接收单位等相关单位人员共同组成项目移交组。

（3）对于移交过程存在的遗留问题建立问题台账，及时督促施工单位进行完善，达到移交标准。

（4）移交完成应组织各方签字认可，移交记录需各方保存予以备查。

2. 工作流程

项目工程实体移交工作流程如图 7-3 所示。

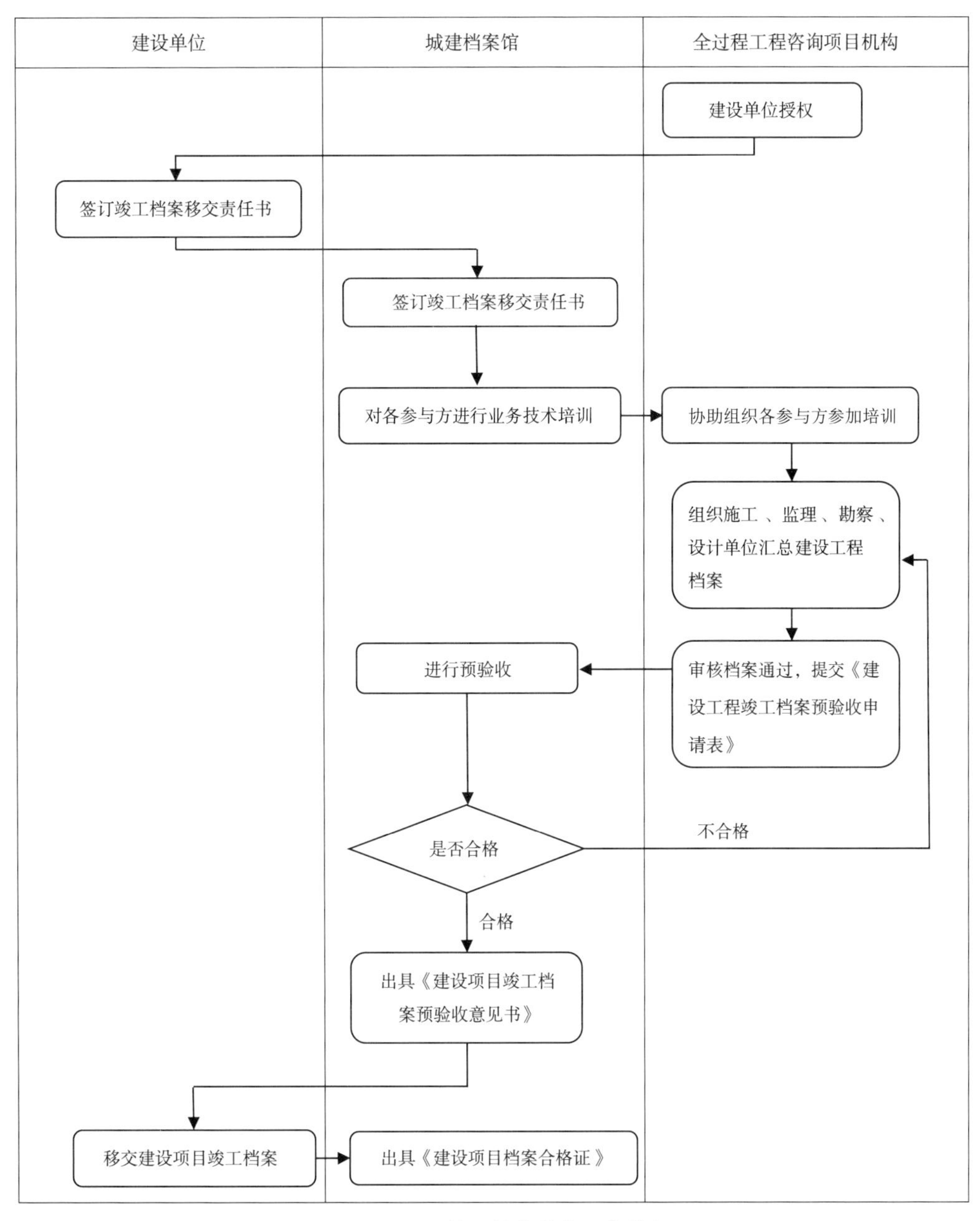

图 7-2　项目竣工档案移交工作流程

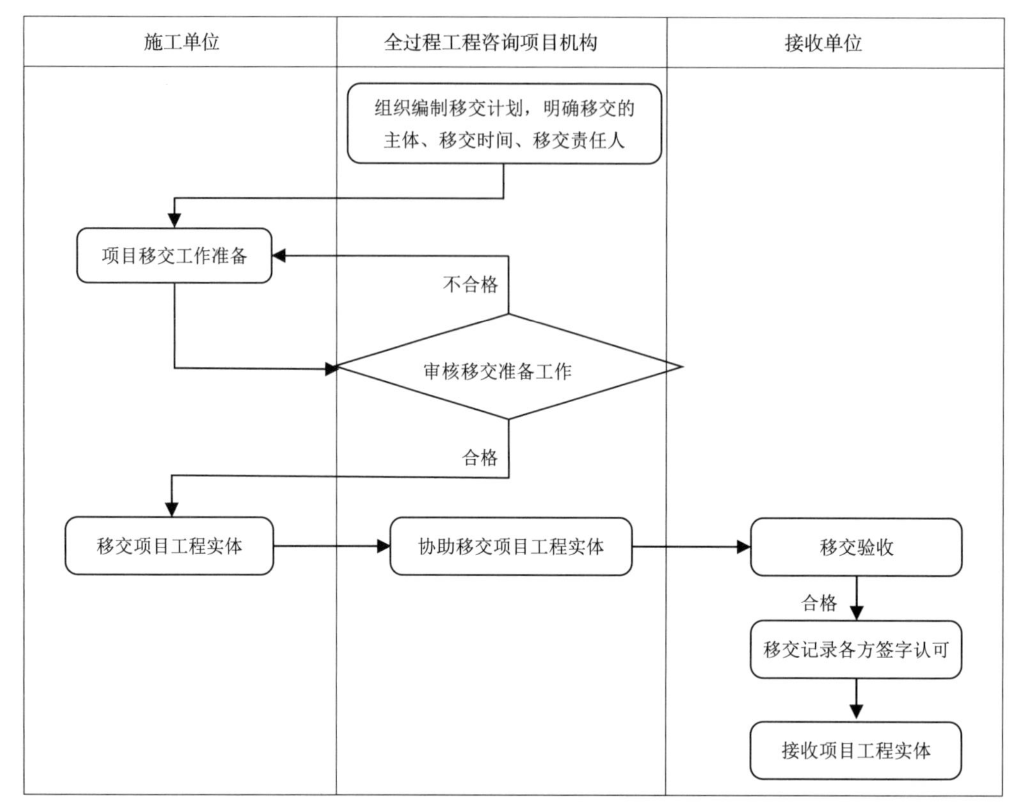

图 7-3 项目工程实体移交工作流程

7.7 竣工结算审查

竣工结算是在单位工程竣工验收合格后，发承包双方依据约定的合同价款的确定和调整以及索赔等事项，对完成、中止、竣工分包工程项目进行计算和确定工程价款的文件。竣工结算分为单位工程竣工结算、单项工程竣工结算和工程项目竣工总结算。

7.7.1 审查程序

全过程工程咨询项目机构审查竣工结算应按准备、审查和审定三个阶段进行，并实行审查编制人、审核人和审定人分别署名盖章确认的审核签署制度。

7.7.2 审查依据

工程结算审查依据指委托合同和完整、有效的工程结算文件。工程结算审查的依据主要有以下几个方面：

（1）建设期内影响合同价款的法律、法规和规范性文件。

（2）发承包合同、专业分包合同及补充合同，有关材料、设备采购合同。

（3）招标文件、投标文件。

（4）有关部门发布的建设工程造价计价标准、计价方法、计价定额、价格信息，相关规定等计价依据。

（5）工程竣工图、经批准的施工组织设计、设计变更、工程洽商、索赔与现场签证，以及相关的会议纪要。

（6）工程材料及设备中标价、认价单。

（7）经批准的开工报告、竣工报告或停工报告、复工报告。

（8）隐蔽工程验收记录、结算工程实体。

（9）影响工程造价的其他相关资料。

7.7.3　主要工作内容

竣工结算审查的主要工作内容有以下几点：

（1）审查工程结算的项目范围、内容与合同约定的项目范围、内容一致性。

（2）审查工程结算手续的完备性、资料内容的完整性。

（3）审查分部分项工程项目、措施项目或其他项目工程量计算准确性、工程量计算规则与计价规范保持一致性。

（4）审查分部分项综合单价、措施项目或其他项目时，应严格执行合同约定或现行的计价原则、方法。

（5）审查变更签证凭据的真实性、有效性，核准变更工程费用。

（6）审查索赔是否依据合同约定的索赔处理原则、程序和计算方法，以及索赔费用的真实性、合法性、准确性。

（7）在合同约定的期限内，提交正式工程结算审查报告。

7.7.4　审查方法

竣工结算审查主要采用以下方法：

（1）工程竣工结算审核应采用全面审核法，不得采用重点审核法、抽样审核法或类比审核法等其他方法。

（2）工程结算审查应区分施工发承包合同类型及工程结算的计价模式，采用相应的工程结算审查方法。

（3）审查采用总价合同的工程结算时，应审查与合同约定结算编制方法一致性，按照合同约定可以调整的内容，在合同价基础上对调整的设计变更、工程洽商以及工程索赔等合同约定可以调整的内容进行审查。

（4）审查采用单价合同的工程结算时，应审查按照竣工图以内的各个分部分项工程量计算的准确性，依据合同约定的方式审查分部分项价格，并对设计变更、工程洽商、施工措施以及工程索赔等调整内容进行审查。

（5）审查采用成本价加酬金合同的工程结算时，应依据合同约定的方法审查各个分部分项工程以及设计变更、工程洽商、施工措施等内容的工程成本，并审查酬金及有关税费的取定。

7.7.5 竣工结算审查期限

根据财政部、建设部关于印发《建设工程价款结算暂行办法》的通知（财建〔2004〕369 号），单项工程竣工后，承包人应在提交竣工验收报告的同时，向建设单位递交竣工结算报告及完整的结算资料，建设单位应按以下规定时限进行核对（审查）并提出审查意见。

工程竣工结算报告金额	审查时间
500 万元以下	从接到竣工结算报告和完整的竣工结算资料之日起 20 天
500 万 ~ 2000 万元	从接到竣工结算报告和完整的竣工结算资料之日起 30 天
2000 万 ~ 5000 万元	从接到竣工结算报告和完整的竣工结算资料之日起 45 天
5000 万元以上	从接到竣工结算报告和完整的竣工结算资料之日起 60 天
建设项目竣工总结算在最后一个单项工程竣工结算审查确认后 15 天内汇总，送发包人后 30 天内审查完成。	

7.8 竣工阶段 BIM 技术应用管理

7.8.1 竣工验收

竣工验收时，应将竣工验收信息添加到施工过程模型，并根据项目实际情况进行修正，以保证模型与工程实体的一致性，进而形成竣工模型。验收过程借助 BIM 模型对现场实际施工情况进行校核，譬如管线位置是否满足要求、是否有利于后期检修等。

BIM 咨询部应督促施工单位在单位工程竣工验收前及时提交竣工模型，组织竣工模型验收，由 BIM 咨询部专业负责人编写竣工模型验收报告，检查模型数据是否与竣工工程实体一致；根据现场核查数据，BIM 咨询部督促施工单位按照项目合同约定的 BIM 模型交付标准要求的竣工模型深度修改并完善模型及其相关信息。

竣工 BIM 模型搭建将建设项目的设计、经济、管理等信息融合到一个模型中，便于后期的运维管理单位使用，更好、更快地检索到建设项目的各类信息，为运维管理提供有力保障。

竣工验收模型应在施工过程模型上附加或关联竣工验收相关信息和资料，其内容

应符合现行国家标准《建筑工程施工质量验收统一标准》GB 50300—2013 和现行行业标准《建筑工程资料管理规程》JGJ/T 185 等的规定。

应用 BIM 模型进行建筑空间管理，其功能主要包括空间规划、空间分配、人流管理（人流密集场所）等。利用 BIM 模型对资产进行信息化管理，辅助投资人进行投资决策，并制定短期、长期的管理计划。

根据项目需求，以项目建设期的协同管理平台为基础建立项目运维管理平台。将建筑设备自控（BA）系统、消防（FA）系统、安防（SA）系统及其他智能化系统和建筑运维模型结合，形成基于 BIM 技术的建筑运行管理系统和运行管理方案，有利于实施建筑项目信息化维护管理。

利用 BIM 模型和设施设备及系统模型，制定应急预案，开展模拟演练。利用 BIM 模型和设施设备及系统模型，结合楼宇计量系统及楼宇相关运行数据，生成按区域、楼层和房间划分的能耗数据，对能耗数据进行分析，发现高耗能位置和原因，并提出针对性的能效管理方案，降低建筑能耗。

7.8.2　项目移交

督促施工单位移交已验收的竣工模型和成果，包括竣工模型、竣工模型构件明细表、工程量清单、模型构件属性表、资源库（包括但不限于族文件、样板文件、工作空间、模板库、构件库等）、模型与二维图纸与实物的核对报告等。

将验收合格资料、相关设施设备资料与竣工模型关联，辅助建设单位建立运维初始化模型。

根据项目阶段总结、项目汇报和相关奖项申报需要，BIM 咨询部应要求项目各参与方配合整理 BIM 技术应用竣工报告，提供包括 BIM 应用成果、过程记录资料等文字或多媒体成果。

7.9　竣工决算咨询服务

工程竣工决算是以实物数量和货币指标为计量单位，综合反映竣工建设项目全部建设费用、建设成果和财务状况的总结性文件。

项目竣工决算报告的编制遵循一个概算范围内的工程项目编制一个竣工决算报告的原则。

7.9.1　竣工决算的编制依据

竣工决算的编制依据主要有以下几点：

（1）国家相关法律、法规及部门规章。

（2）经批准的可行性研究报告、初步设计、概算及调整文件，相关部门的批复文件。

（3）主管部门下达的年度投资计划、各年度基本建设支出预算。

（4）经批复的年度财务决算。

（5）相关合同（协议）、工程结算等有关资料。

（6）建设单位管理费支出明细表，购置固定资产明细表。

（7）会计核算及财务管理资料。

（8）政府有关土地、青苗等补偿及安置补偿标准或文件。

（9）征地批复（国有土地使用证），建设工程规划许可证，建设用地规划许可证，建设工程开工证，竣工验收单或验收报告，质量鉴定、检验等有关文件。

（10）其他有关资料等。

7.9.2 竣工决算编制的咨询服务内容

竣工决算编制的咨询服务内容主要包括以下几点：

（1）收集、整理有关项目竣工决算的依据资料。

（2）对建设项目合同台账进行全面梳理。

（3）对建设项目的会计账簿进行全面梳理，核定项目投资额。

（4）对拟移交的财产物资编制资产清单，逐项进行盘点核实。

（5）督促建设单位财务部门对债权、债务进行清理，按照合同约定比例预留工程质保金，并进行账务处理。

（6）对账务上的各项基建项目拨款、借款，与各年度的投资计划进行核对，落实资金来源。

（7）编制项目竣工决算报表和竣工决算说明书。

（8）将编制的各种报表装订成册，形成完整的项目竣工决算文件，及时上报审批。

7.10 竣工阶段报批报建的工作内容、流程及申请表

竣工阶段报批报建的工作内容主要包括建设工程竣工验收消防备案、建设工程消防验收、供暖竣工验收、燃气工程竣工验收、用电竣工验收、用水竣工验收、人民防空工程竣工验收备案、建设工程规划核实、建设工程档案验收、房屋建筑和市政基础设施工程竣工验收备案、城镇排水与污水处理设施竣工验收备案、生产建设项目水土保持方案审批、涉及国家安全事项的建设项目审批（工程竣工验收阶段）等。

专业咨询工程师首先收集申报材料，填写竣工阶段咨询服务报批报建工作申请表，

经总咨询师审核，并报建设单位项目负责人批准同意后，方可正式开始办理。

7.10.1　建设工程消防验收

1. 申报材料清单

建设工程消防验收申报材料主要有以下几项：

（1）建设工程消防验收申报表。

（2）工程竣工验收报告和有关消防设施的工程竣工图纸。

（3）消防产品质量合格证明文件。

（4）营业执照或事业单位法人证书或统一社会信用代码。

（5）消防设施检测合格证明文件。

（6）施工、工程监理资质证明。

（7）具有防火性能要求的建筑构件、建筑材料、装修材料符合国家标准或者行业标准的证明文件、出厂合格证。

2. 办理流程

建设工程消防验收办理流程如图 7-4 所示。

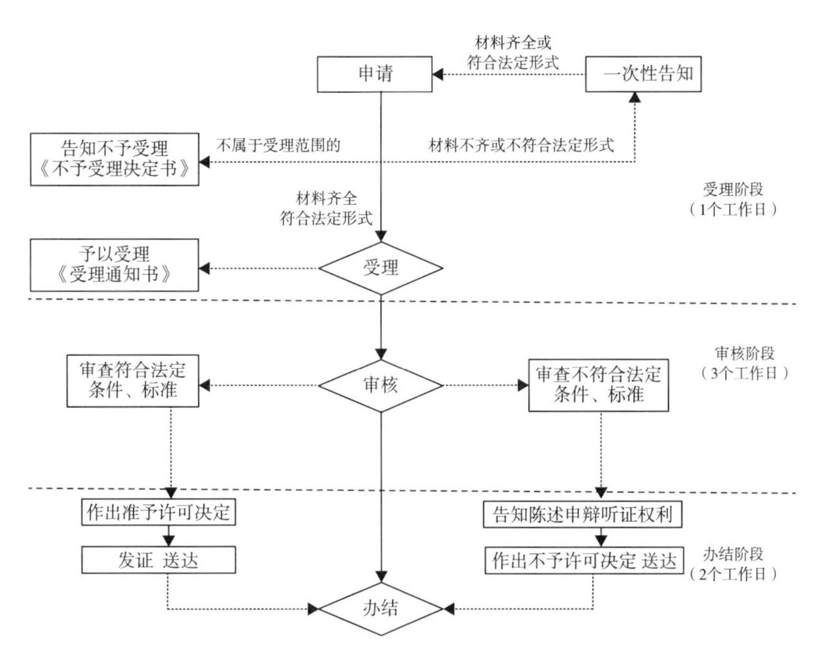

图 7-4　建设工程消防验收办理流程

3. 申请表

详见附录 7-1　建设工程消防验收申报表。

4. 结果文书

建设工程消防验收意见书。

7.10.2　建设工程规划核实

1. 申报材料清单

建设工程规划核实申报需准备以下材料：

（1）《建设工程竣工规划核实测绘报告》。

（2）非建设单位法定代表人申请办理的，应当提交授权委托书（授权委托书，应当经建设单位法定代表人签字并加盖单位公章）。

（3）委托代理人身份证明。

（4）现状竣工图。

（5）建设工程规划核实申请表。

2. 办理流程

建设工程规划核实业务流程如图 7-5 所示。

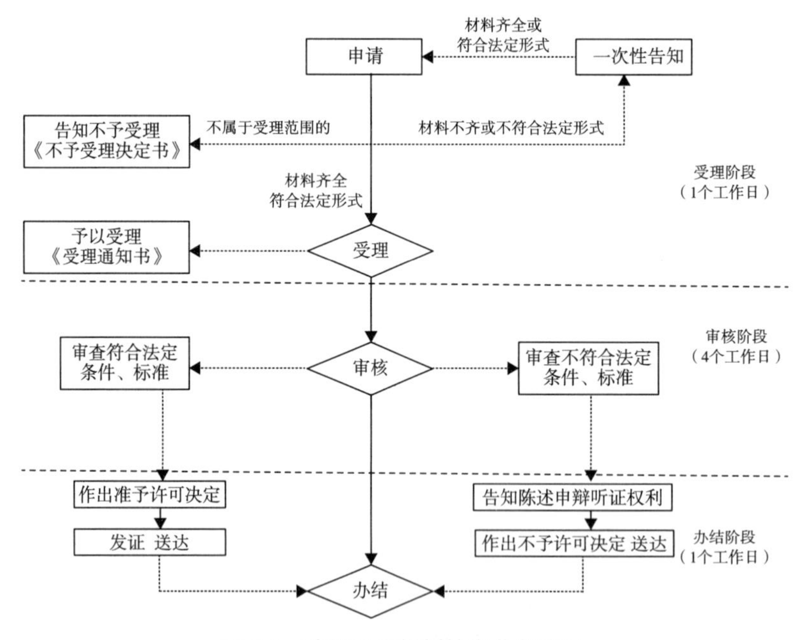

图 7-5　建设工程规划核实业务流程

3. 申请表

详见附录 7-2　城乡规划局建设工程（建筑）规划核实申请表。

4. 结果文书

建设工程竣工规划核实意见书。

附录 7-1　建设工程消防验收申报表

建设工程消防验收申报表

工程名称：______________________

建设单位：______________________（印章）

填表日期：______________________

建设单位		法定代表人/主要负责人		联系电话	
工程名称		联系人		联系电话	
工程地址			使用性质		
类 别	□新建 □扩建 □改建（□装修 □建筑保温 □改变用途）				
《建设工程消防设计审核意见书》文号			审核日期		
单位类别	单位名称	资质等级	法定代表人/主要负责人	联系人	联系电话
设计单位					
施工单位					
监理单位					

单体建筑名称	结构类型	耐火等级	层数		建筑高度（m）	占地面积（m^2）	建筑面积（m^2）	
			地上	地下			地上	地下

储罐	设置位置		总容量（m^3）	
	设置型式	浮顶罐（□外 □内） □固定顶罐 □卧式罐 球形罐（□液体 □气体）可燃气体储罐（□干式 □湿式） □其他		
	储存形式	□地上 □半地下 □地下	储存物质名称	
堆场	储量		储存物质名称	

□建筑保温	材料类别	□A □B_1 □B_2	保温层数	
	使用性质		原有用途	
□装修工程	装修部位	□顶棚 □墙面 □地面 □隔断 □固定家具 □装饰织物 □其他		
	装修面积（m^2）		装修层数	
	使用性质		原有用途	

续表

<table>
<tr><td colspan="4">竣工验收情况</td></tr>
<tr><td>验收内容</td><td>验收情况</td><td>验收内容</td><td>验收情况</td></tr>
<tr><td>□建筑类别</td><td></td><td>□室内消火栓系统</td><td></td></tr>
<tr><td>□总平面布局</td><td></td><td>□自动喷水灭火系统</td><td></td></tr>
<tr><td>□平面布置</td><td></td><td>□其他灭火设施</td><td></td></tr>
<tr><td>□消防水源</td><td></td><td>□防烟排烟系统</td><td></td></tr>
<tr><td>□消防电源</td><td></td><td>□安全疏散</td><td></td></tr>
<tr><td>□装修防火</td><td></td><td>□防烟分区</td><td></td></tr>
<tr><td>□建筑保温</td><td></td><td>□消防电梯</td><td></td></tr>
<tr><td>□防火分区</td><td></td><td>□防爆</td><td></td></tr>
<tr><td>□室外消火栓系统</td><td></td><td>□灭火器</td><td></td></tr>
<tr><td>□火灾自动报警系统</td><td></td><td>□其他</td><td></td></tr>
<tr><td colspan="2">设计单位确认：

（设计单位印章）
年　　月　　日</td><td colspan="2">监理单位确认：

（监理单位印章）
年　　月　　日</td></tr>
<tr><td colspan="2">施工单位确认：

（施工单位印章）
年　　月　　日</td><td colspan="2">建设单位确认：

（建设单位印章）
年　　月　　日</td></tr>
<tr><td colspan="4">同时提交的材料（新建、扩建、改建）：
□ 1. 工程竣工验收报告；
□ 2. 消防设计审核报告；
□ 3. 建设、施工、设计、监理、检测等单位自验报告；
□ 4. 有关消防设施的工程竣工图纸，数量：______ 份（大写）；
□ 5. 消防产品质量合格证明文件；
□ 6. 具有防火性能要求的建筑构件、建筑材料（含建筑保温材料）、装修材料符合国家标准或者行业标准的证明文件、出厂合格证，数量：______ 份（大写）；
□ 7. 消防设施检测合格证明文件；
□ 8. 施工、工程监理、检测单位的合法身份证明和资质等级证明文件；
□ 9. 主体楼质量合格证明文件；
□ 10. 建设单位的工商营业执照等合法身份证明文件；
□ 11. 法律、行政法规规定的其他材料</td></tr>
<tr><td colspan="4">其他需要说明的情况：</td></tr>
</table>

说　明

1. 此表由建设单位填写并加盖印章（应由其负责人签名），填表前请仔细阅读《中华人民共和国消防法》和《建设工程消防监督管理规定》，确知享有的权利和应尽的义务。

2. 建设单位应如实填写各项内容，对提交材料的真实性、完整性负责，不得虚构、伪造或编造事实，否则将承担相应的法律后果。

3. 填写应使用钢笔和能够长期保持字迹的墨水或打印，字迹清楚，文面整洁，不得涂改。

4. 表格设定的栏目，应逐项填写；不需填写的，应划去。建设单位的法定代表人或主要负责人、联系人姓名和联系电话必须填写。

5. 表格中的“□”，表示可供选择，在选中内容前的“□”内画“√”。

6. 提交的材料请使用国际标准 A4 型纸打印、复印或按照 A4 型纸的规格装订，其中“证明文件”“合格证”均为复印件，经申请人签名确认并注明日期，并由城乡建设行政主管部门受理人员现场核对复印件与原件是否一致。

7. 申报建设工程局部验收的，应在“其他需要说明的情况”中说明有关情况。

附录 7-2　城乡规划局建设工程（建筑）规划核实申请表

××市城乡规划局建设工程（建筑）规划核实申请表

<table>
<tr><td>建设单位</td><td colspan="4"></td></tr>
<tr><td>建设地点</td><td colspan="4"></td></tr>
<tr><td>法定代表人</td><td colspan="2"></td><td>联系电话</td><td></td></tr>
<tr><td>联系人</td><td colspan="2"></td><td>联系电话</td><td></td></tr>
<tr><td>建设工程名称</td><td colspan="4"></td></tr>
<tr><td rowspan="2">建设工程
规划许可证</td><td>颁布时间</td><td colspan="3"></td></tr>
<tr><td>编号</td><td colspan="3"></td></tr>
<tr><td rowspan="2">建设工程
建筑面积</td><td>审批面积</td><td colspan="3"></td></tr>
<tr><td>竣工面积</td><td colspan="3"></td></tr>
<tr><td rowspan="2">建设工程栋数</td><td>审批情况</td><td colspan="3"></td></tr>
<tr><td>竣工情况</td><td colspan="3"></td></tr>
<tr><td>建设工程
使用性质</td><td>审批使用性质</td><td></td><td>实际使用性质</td><td></td></tr>
<tr><td>放线时间</td><td colspan="2"></td><td>验线时间</td><td></td></tr>
<tr><td colspan="5">申请人承诺：
本表填报内容及提交的所有资料的原件或复印件及其内容是真实的。因虚假而引起的法律责任，概由申请人及申请单位承担，与审批（核准）机关无关
（公章）
年　　月　　日</td></tr>
<tr><td>备注</td><td colspan="4"></td></tr>
</table>

续表

申报资料
一、建设工程竣工后，建设单位应向原审批的城乡规划行政主管部门申领建设工程规划核实意见书（以下简称意见书）。 二、申报规划核实，应提交下列材料： （1）《建设工程规划核实申请表》。 （2）符合 ×× 市统一坐标系统和高程系统要求的《建设工程竣工规划核实测绘报告》和现状竣工图（1 ： 500 ~ 1 ： 2000，CAD 格式）。 （3）建设工程规划许可证、附件及审批的总平面图复印件。 （4）验线相关资料复印件。 （5）建设单位或个人身份证明材料、委托办理的还应提交授权委托书和受委托人身份证明。 说明： 1. 以上资料如属复印件，应加盖申报单位公章，同时提供原件核对。 2. 需同时提供符合 ×× 市规划一张图标准的电子文档盘片。 3. 现场验收时需要提供一套经核准的建筑施工图原件供核对。 4. 以上材料中，验线时已提交的无需再次提交。
申请人需要说明的事项：

附录 7–3　竣工验收阶段申请表

竣工验收阶段申请表

<table>
<tr><td>项目名称</td><td colspan="5"></td></tr>
<tr><td>项目代码（选填）</td><td colspan="5"></td></tr>
<tr><td>项目建设单位</td><td colspan="5"></td></tr>
<tr><td>法定代表人</td><td colspan="3">身份证号</td><td colspan="2">联系电话</td></tr>
<tr><td></td><td colspan="3"></td><td colspan="2"></td></tr>
<tr><td>单位性质</td><td colspan="5">□行政机关　□事业单位　□企业单位　□部队　□其他</td></tr>
<tr><td>组织机构代码证号或统一信用代码证号</td><td colspan="2"></td><td>邮政编码</td><td colspan="2"></td></tr>
<tr><td>被委托人姓名（选填）</td><td colspan="3">身份证号码</td><td colspan="2">联系方式</td></tr>
<tr><td></td><td colspan="3"></td><td colspan="2"></td></tr>
<tr><td>建设单位地址</td><td colspan="2"></td><td>用地位置</td><td colspan="2"></td></tr>
<tr><td>合同开竣工日期</td><td colspan="2"></td><td colspan="2">实际开竣工日期</td><td></td></tr>
<tr><td>工程规模（m²或 m）</td><td colspan="2"></td><td colspan="2">合同价格（万元）</td><td></td></tr>
<tr><td>其中人防工程规模（m²）</td><td colspan="2"></td><td colspan="2">人防工程建设位置</td><td></td></tr>
<tr><td>工程性质</td><td colspan="2">□住宅工程　□公共建筑
□工业建筑　□道路工程
□桥涵工程　□其他</td><td>项目类别</td><td colspan="2">□新建　□扩建
□改建
（□装修　□建筑保温
□改变用途）</td></tr>
<tr><td>施工许可证或开工报告编号</td><td colspan="2"></td><td colspan="2">建设工程规划许可证编号</td><td></td></tr>
<tr><td>参建单位</td><td>单位名称</td><td>资质等级</td><td>法定代表人</td><td>项目负责人</td><td>联系电话</td></tr>
<tr><td>勘察单位</td><td></td><td></td><td></td><td></td><td></td></tr>
<tr><td>设计单位</td><td></td><td></td><td></td><td></td><td></td></tr>
<tr><td>监理单位</td><td></td><td></td><td></td><td></td><td></td></tr>
<tr><td>施工单位</td><td></td><td></td><td></td><td></td><td></td></tr>
<tr><td>消防检测单位</td><td></td><td></td><td></td><td></td><td></td></tr>
</table>

续表

<table>
<tr><td rowspan="2">单体建筑名称</td><td rowspan="2">结构类型</td><td colspan="2">层数</td><td rowspan="2">建筑高度（m）</td><td colspan="2">建筑面积（m^2）</td></tr>
<tr><td>地上</td><td>地下</td><td>地上</td><td>地下</td></tr>
<tr><td></td><td></td><td></td><td></td><td></td><td></td><td></td></tr>
<tr><td></td><td></td><td></td><td></td><td></td><td></td><td></td></tr>
<tr><td></td><td></td><td></td><td></td><td></td><td></td><td></td></tr>
<tr><td colspan="4">验收事项</td><td colspan="3">办理部门</td></tr>
<tr><td colspan="4">□规划验收 □消防验收
□人防验收 □竣工验收
□档案验收 □给水验收
□电力验收 □燃气验收
□热力验收</td><td colspan="3">住房城乡建设部门牵头
各专项验收部门办理</td></tr>
<tr><td colspan="7">本工程已于　　年　　月　　日经参建相关责任主体预验收合格。
以上填报信息属实。</td></tr>
<tr><td colspan="2">勘察单位项目负责人：

（勘察单位公章）
年　月　日</td><td colspan="5">设计单位项目负责人：

（设计单位公章）
年　月　日</td></tr>
<tr><td colspan="2">监理单位项目负责人：

（监理单位公章）
年　月　日</td><td colspan="5">施工单位项目负责人：

（施工单位公章）
年　月　日</td></tr>
<tr><td colspan="4" rowspan="3">根据有关法律规定，申请人应如实提交有关材料和反映真实情况，并对申请材料实质内容的真实性负责。以虚报、瞒报、造假等不正当手段取得批准文件的，将依法予以撤销</td><td colspan="3">我单位已阅知有关填写须知，并承诺对申报材料及数据的准确性（含电子文件与图纸等纸质材料的一致性）负责，自愿承担虚报、瞒报、造假等不正当行为而产生的一切法律责任

（单位盖章）</td></tr>
<tr><td colspan="2">法定代表人
（或被委托人）签名</td><td></td></tr>
<tr><td colspan="2">日期</td><td></td></tr>
</table>

第8章 生产准备阶段咨询服务

8.1 生产设备、办公家具安装管理咨询

1. 生产设备安装方案审查内容

生产设备安装方案审查应包含下列基本内容：

（1）编审程序应符合相关规定。

（2）安装进度、调试方案及安装质量保证措施应符合设备安装合同要求。

（3）安全、文明措施应符合相关标准。

（4）安装方案内容应包含以下基本内容：

①工程概况、编制依据。

②安装准备、技术准备、组织准备。

③设备基础的验收。

④设备安装技术及工艺要求。

⑤设备安装质量保证措施。

⑥安全文明施工措施。

⑦成品保护措施。

⑧设备系统调试方案。

2. 办公家具安装方案审查

办公家具安装方案审查应包含下列基本内容：

（1）编审程序应符合相关规定。

（2）安装进度、调试方案及安装质量保证措施应符合设备安装合同要求。

（3）安全、文明措施应符合相关标准。

（4）安装方案内容应包含以下基本内容：

①工程概况、编制依据。

②安装准备、技术准备、组织准备。

③家具安装技术及工艺要求。

④家具安装质量保证措施。

⑤安全文明施工措施。

⑥成品保护措施。

⑦家具系统调试方案。

3. 固定资产管理

监控固定资产成本和分配，计算折旧，规划生产或办公人员和设备或家具的搬迁。

8.2 生产人员、物业服务管理咨询

8.2.1 生产人员培训方案审查

生产人员培训方案审查应包含下列基本内容：

（1）编审程序应符合相关规定。

（2）培训方案内容应包含以下基本内容：

①培训目的、形式。

②培训方法。

③培训效果保证措施。

④培训考核管理。

⑤培训内容应包含下列基本内容。

a. 公司基本规章制度要求；

b. 员工岗位职责；

c. 车间产品质量要求；

d. 基本操作技能及常见的生产故障解决；

e. 车间生产设备的操作使用及保养。

8.2.2 生产技术准备咨询管理

生产技术准备咨询管理的基本内容如下：

（1）编制各类综合性技术资料准备。

（2）制定各种技术规程。

（3）编制各种试车方案。

（4）编制系统干燥、置换等方案，并配合安装单位做好系统吹扫、气密及化学清洗方案。

（5）编制储运、公用工程、自备发电机组、热电站、锅炉、消防等试车方案。

（6）编制总体试车、装置联动试车、投料试车、生产考核方案。

8.2.3 物业人员培训方案审查

物业人员培训方案审查应包含下列基本内容：

（1）编审程序应符合相关规定。

（2）培训方案内容应包含以下基本内容：

①培训目的、形式。

②培训方法。

③培训效果保证措施。

④培训考核管理。

⑤培训内容应包含下列基本内容。

a. 制度培训；

b. 客服服务培训；

c. 消防、安防培训；

d. 技术维修培训；

e. 绿化、保洁培训；

f. 回访培训等。

8.3 其他相关咨询服务

其他相关咨询服务包括下列内容：

（1）停车系统及交通线路规划（包括人流和车流导向、停车场出入与计费管理系统、行车路线、停车标识、停车场的分配与规划等）。

（2）各种标识标牌的设置及安装。

（3）物业管理软件的确定，原始数据录入及水、电费用分摊等。

（4）垃圾处理：垃圾房设备配备、垃圾分类放置。

（5）电梯系统：电梯分区、分配、提速的选择等。

第9章 运营维护阶段咨询服务

9.1 项目后评价

项目后评价包含以下工作内容：

（1）项目后评价工作应在项目竣工验收并投入使用一年后、三年内组织实施。

（2）协助建设单位收集相关科室及人员编写的项目自我总结评价报告。

（3）协助建设单位收集项目审批文件、项目实施文件、项目结算和竣工财务决算报告及资料，项目使用情况等。

（4）协助建设单位按照有关规范出具结论性后评价结论，主要包括项目的综合评价、结论和问题、经验教训、建议措施等。

（5）工程咨询单位依据合同履行保密义务，并承担相应保密责任。

9.2 项目绩效评价

9.2.1 项目绩效评价咨询服务

项目绩效评价咨询服务应满足下列要求：

（1）根据委托合同，提供项目绩效评价咨询服务。

（2）根据设定的绩效目标，运用科学、合理的绩效评价指标体系、评价标准和评价方法，对财务支出的经济性、效率和效益进行客观公正的评价。

（3）以项目绩效评价报告为最终成果。

9.2.2 项目绩效评价报告

1. 项目绩效评估报告的内容

项目绩效评估报告应包括下列内容：

（1）项目概况。

（2）项目绩效评价的组织实施情况。

（3）项目绩效评价的指标体系、评价标准和评价方法。

（4）项目绩效分析及绩效评价结论。

（5）项目的主要经验及做法。

（6）存在的问题及原因分析。

（7）相关建议。

2. 项目绩效评价咨询服务注意事项

项目绩效评价咨询服务应注意下列事项：

（1）严格执行规定的程序，按照科学可行的要求，采用定量分析与定性分析相结合的方法。

（2）符合真实、客观、公正的要求，依法公开并接受监督。

（3）评价结果清晰反映支出和产出绩效之间的紧密对应关系。

9.3　设施管理

编制项目设施管理咨询方案，对设施管理提出工作要求和建议。

9.3.1　项目设施管理方案

项目设施管理方案应包含以下内容：

（1）空间管理：优化空间分配，分析空间利用率，分摊空间费用。

（2）租赁管理：根据业务开展，合理配置不动产和办公空间。

（3）运维管理：通过应需维护、定期维护流程对建筑设施进行标准化管理。

（4）环境和风险管理：在发生灾难和紧急情况时确保业务连续性，加快设施功能恢复。

（5）家具和设备管理：监控固定资产成本和分配，计算折旧，规划人员和资产搬迁。

（6）工作场所管理：共享办公空间管理，合理、有效安排多人共享一个工位，减少空间成本支出。

（7）物业管理：建立物业管理部门，根据工程规模大小配备其功能及人员数量，建立规章制度，进行物业维护、翻修、装潢等工作。

（8）绿色运行管理：监控运营能耗情况，收集能耗源资料，分析出占比较重的能耗源，建立台账，动态监控及管理，有效进行节能管理。

（9）其他系统与运维系统的数据交换管理：运维管理系统中的部门、员工、供给商、采购订单等数据和流程与建设单位或工程法人单位的协同平台交互。

9.3.2 项目设施管理咨询服务注意事项

项目设施管理咨询服务应注意以下两点：

（1）遵循设施管理理念，编制设施管理咨询方案。

（2）以保证项目的价值实现和项目增值目标。

9.4 资产管理

9.4.1 项目资产管理咨询服务要求

项目资产管理咨询服务应遵照以下两点要求：

（1）通过对资产和运营的分析，为建设单位提供资产管理的依据。

（2）充分了解各方需求，为资产管理制定清晰的目标，并为建设单位提供合理化建议。

9.4.2 项目资产管理咨询服务内容

项目资产管理咨询服务有以下几点基本内容：

（1）资产保值和增值分析。

（2）运营安全分析和策划。

（3）建设项目运营资产的清查和评估。

（4）建设项目招商和租赁管理策划。

9.4.3 项目资产管理咨询服务注意事项

项目资产管理咨询服务应注意以下两点：

（1）熟悉掌握建设单位运营部门的职责及界面。

（2）对工作流程运转开展全过程管理和闭环控制。

9.5 运营维护阶段 BIM 技术应用管理

运营维护阶段 BIM 技术应用管理应注意以下要点：

（1）运维模型关联信息应在设计、施工的建设期，具备资产基本信息和建设各阶段资料信息。

（2）运维模型应在竣工模型基础上，添加资产运维管理信息，实现性能分析评估，资产设施管理，优化建筑运行状态，满足运营管理生产需要。

（3）运维模型应在竣工模型基础上，实现资产清册、资产日常使用、调拨、更新管理、全寿命期成本统计分析、故障趋势分析、报废评估及资产折旧等资产管理功能。

9.6　运营维护阶段全过程工程咨询服务工作总结

全过程工程咨询服务工作总结应包括下列内容：

（1）项目概况。

（2）咨询服务工作范围内的分类工作总结。

（3）咨询服务效果评价。

（4）项目建设目标评价。

（5）评价结论、主要经验教训和建议。